この本の特色としくみ

JN084429

本書は, 中学2年のすべての内容を3段階のレベルに分けた, ハイレベルな問題集です。各単元は, StepA（標準問題）とStepB（応用問題）の順になっていて, 章末にはStepC（難関レベル問題）があります。また, 巻頭には「1年の復習」を, 巻末には「総合実力テスト」を設けているため, 復習と入試対策にも役立ちます。

重要 →
特に重要な問題につけています。

☑ チェックポイント
StepAの最後に最重要事項を箇条書きでまとめています。

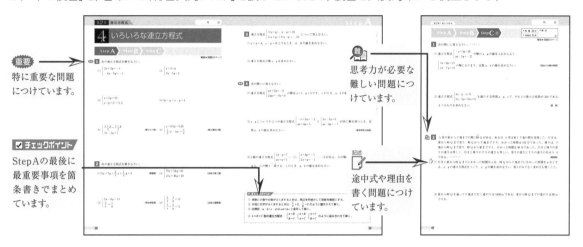

難 →
思考力が必要な難しい問題につけています。

記述 →
途中式や理由を書く問題につけています。

CONTENTS 目 次

本書に関する最新情報は, 小社ホームページにある**本書の「サポート情報」**をご覧ください。（開設していない場合もございます。）
なお, この本の内容についての責任は小社にあり, 内容に関するご質問は直接小社におよせください。

1 数と式の計算

●時間 30分　●合格点 80点　●得点　　点

解答▶別冊1ページ

1 次の計算をしなさい。(3点×7)

(1) $-7-(-5)$

(2) $7+3\times(-4)$

(3) $7-(-2)^3$

重要 (4) $(-3)\times4-(-6)\times4$

(5) $2\times(-3^2)+10$

(6) $\dfrac{1}{8}-\left(-\dfrac{3}{10}\right)\div\dfrac{6}{5}$

(7) $-8+(-3)^2\times\dfrac{5}{9}$

2 次の計算をしなさい。(4点×6)

(1) $\dfrac{1}{2}+\left(-\dfrac{2}{3}\right)^2\div\left(-\dfrac{8}{15}\right)$

(2) $-3^2\div\left(-\dfrac{3}{5}\right)+2^3\times\dfrac{9}{6}$

重要 (3) $-\dfrac{1}{3}\div\left(-\dfrac{3}{2}\right)^3\times(-3^2)$

(4) $(-4)^2\div\{4-(-3^2+12)\}$　　　　〔青雲高〕

(5) $\left(\dfrac{7}{16}-\dfrac{7}{4}\right)^2\div\dfrac{21}{4^2}-\left(\dfrac{5}{4}\right)^2$

(6) $\left\{\dfrac{1}{3}\div0.75-\left(-\dfrac{7}{6}\right)^2\right\}\times\left(1+\dfrac{1}{11}\right)$

3 次の式を計算しなさい。(5点×6)

(1) $9a + 1 - 2(3a - 2)$

(2) $\dfrac{1}{4}a - \dfrac{5}{6}a + a$

(3) $\dfrac{3x - 2}{5} \times 10$

(4) $-2(a - 4) + 5(a - 3)$

重要 (5) $\dfrac{x - 2}{2} + \dfrac{2x + 1}{3}$

(6) $\dfrac{3a - 1}{4} - \dfrac{4a - 7}{6}$

4 次の問いに答えなさい。(5点×5)

重要 (1) 次の**ア〜エ**のうち，2つの自然数 a, b を用いた計算の結果が，自然数になるとは限らないものはどれですか。1つ選んでその記号を書きなさい。　〔香 川〕

ア $a + b$ 　**イ** $a - b$ 　**ウ** ab 　**エ** $2a + b$

(2) a 個のりんごを，10 人の生徒に b 個ずつ配ったら，5 個余った。この数量の関係を等式に表しなさい。　〔香 川〕

(3) 1 個 xg のトマト 6 個を yg の箱に入れると，重さの合計が 900 g より軽かった。この数量の関係を不等式で表しなさい。　〔栃 木〕

(4) $x$cm のリボンから 15 cm のリボンを a 本切り取ることができるという数量の関係を，不等式に表しなさい。　〔愛 知〕

重要 (5) ある数 a の絶対値は 3 より小さい。このような a の範囲を，不等号を使って表しなさい。

2 1 次 方 程 式

●時　間　30分
●合格点　80点
●得　点
点

解答▶別冊1ページ

1 次の方程式を解きなさい。(5点×6)

(1) $6x - 7 = 4x + 11$

(2) $5x - 2 = 2(4x - 7)$

(3) $4x + 6 = 5(x + 3)$

(4) $\dfrac{2x + 9}{5} = x$

重要 (5) $1.3x - 0.7 = 3(x + 0.9)$

重要 (6) $2x - 1 = \dfrac{5x - 3}{4} - \dfrac{2}{3}$

2 次の問いに答えなさい。(5点×4)

(1) 比例式 $5 : (9 - x) = 2 : 3$ について，x の値を求めなさい。　〔栃　木〕

(2) x についての方程式 $3x - 4 = x - 2a$ の解が5であるとき，a の値を求めなさい。　〔茨　城〕

(3) 方程式 $\dfrac{4 - ax}{5} = \dfrac{5 - a}{2}$ は $x = 2$ のとき成り立つ。このとき，a の値を求めなさい。

〔江戸川学園取手高〕

(4) $\begin{vmatrix} a & b \\ c & d \end{vmatrix} = ad - bc$ とするとき，$\begin{vmatrix} x - 2 & 3 \\ 2x + 1 & 4 \end{vmatrix} = 15$ を満たす x の値を求めなさい。

1年の復習

第1章

第2章

第3章

第4章

第5章

第6章

総合実力テスト

3 ある数 x に 3 を加えて 4 倍すると，x を 5 倍した数より 5 小さくなる。このとき，ある数 x を求めなさい。(10点)

要 4 長いすを何脚か並べました。生徒が 1 脚に 4 人ずつ座ると 34 人が座れない。また，1 脚に 5 人ずつ座ると最後の 1 脚には 1 人だけ座ることになる。生徒の人数を求めなさい。(10点)

5 生徒が 40 人いるクラスで数学のテストをしたところ，クラス全員の平均点が 63 点で，男子の平均点が 60 点，女子の平均点が 65 点だった。このクラスの男子は何人ですか。(10点)

6 家から駅まで行くのに，時速 3.6 km で歩いていくより，分速 150 m で走っていくほうが 6 分早く着く。家から駅までの道のりは何 m ですか。(10点)

7 10% の食塩水 120g と 5% の食塩水を混ぜて，7% の食塩水をつくりたい。5% の食塩水は何 g 必要ですか。(10点)

3 比例と反比例

●時 間 30分　●得 点
●合格点 80点　　　　点

解答▶別冊2ページ

1 変数 x, y について，x と y の関係を表した次の式のうち，y が x に比例する関係を表したものはどれですか。次の**ア〜エ**からすべて選び，その記号を書きなさい。(10点)　　　〔高　知〕

　ア $y=3x$　　イ $y=\dfrac{x}{3}$　　ウ $y=x+3$　　エ $y=3x^2$

2 y が x に反比例しているものを下の**ア〜ウ**の中から1つ選び，その記号を書きなさい。また，そのときの y を x の式で表しなさい。(10点)　　　〔鹿児島〕

　ア　時速 $60\,\mathrm{km}$ で走る自動車が，x 時間走ったときに進む道のり $y\,\mathrm{km}$
　イ　1本 120 円の缶ジュースを x 本買い，1000 円払ったときのおつり y 円
　ウ　面積が $36\,\mathrm{cm}^2$ の平行四辺形で，底辺の長さを $x\,\mathrm{cm}$ としたときの高さ $y\,\mathrm{cm}$

重要 **3** 次の問いに答えなさい。(8点×4)

(1) y は x に比例し，$x=-4$ のとき $y=6$ である。このとき，y を x の式で表しなさい。　　〔高　知〕

(2) y は x に反比例し，$x=-4$ のとき $y=5$ である。y を x の式で表しなさい。　　〔広　島〕

(3) 関数 $y=\dfrac{a}{x}$ のグラフが点 $(6,\ -2)$ を通るとき，a の値を求めなさい。　　〔栃　木〕

(4) 関数 $y=-\dfrac{3}{5}x$ のグラフをかきなさい。　　〔広　島〕

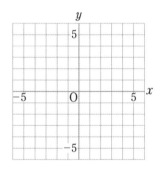

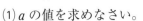

4 右の図のように，関数 $y=\dfrac{a}{x}(x>0$，a は定数）$\cdots\cdots$⑦のグラフがある。2 点 A，B は関数⑦のグラフ上の点で，A の座標は(2, 6)，B の x 座標は 4 である。(8点×2)　　　　　　　　　　　　　　〔熊 本〕

(1) a の値を求めなさい。

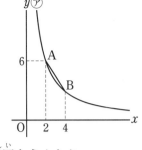

(2) 原点を通る直線 $y=mx$ が，線分 AB 上の点を通るとき，m の値の範囲を求めなさい。

5 右の図のように，関数 $y=\dfrac{18}{x}(x>0)$ のグラフ上に 2 点 P，Q があり，点 Q の x 座標は点 P の x 座標の 3 倍である。また，点 P を通り y 軸に平行な直線と x 軸との交点を R とし，線分 PR と線分 OQ の交点を S とする。(8点×2)　　　　　　　　　　〔大 分〕

(1) △OPR の面積を求めなさい。

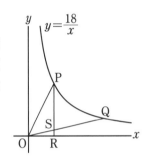

(2) △OPS の面積を求めなさい。

6 右の図のように，関数 $y=ax$ と反比例 $y=\dfrac{8}{x}$ のグラフの交点を A，B とする。また，点 A から x 軸，y 軸に垂線をひき，その交点をそれぞれ C，D とする。点 A の x 座標が 2 であるとき，次の問いに答えなさい。(8点×2)　　　　　〔和洋国府台女子高〕

(1) a の値を求めなさい。

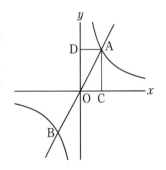

(2) 四角形 ADBC の面積を求めなさい。

4 平 面 図 形

●時 間 30分　●得 点
●合格点 80点　　　　点

解答▶別冊3ページ

重要 1 右の図のような半径が4cmのおうぎ形OABがあり，$\overset{\frown}{AB}$の長さは3πcmである。(8点×2)

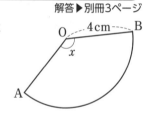

(1)中心角xの大きさを求めなさい。

(2)おうぎ形OABの面積を求めなさい。

2 右の図は，1辺の長さが4cmの正方形とおうぎ形を組み合わせたものである。(8点×2)

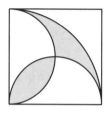

(1)色のついた部分の周の長さを求めなさい。

(2)色のついた部分の面積を求めなさい。

3 右の図のように，△ABCがある。このとき，△ABCを点Oを中心として点対称移動させた図形をかきなさい。(10点)〔茨 城〕

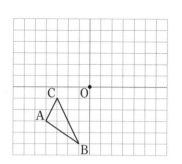

4 右の図の三角形を，直線ℓを対称の軸として対称移動させた図形をかきなさい。(10点)　〔岩 手〕

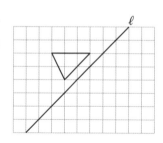

5 右の図のように，線分 AB，CD 上にそれぞれ点 M，N を
とる。線分 MN 上にあって，2つの線分 AB，CD からの
距離が等しくなる点 P を，作図によって求めなさい。(12点)

〔大 分〕

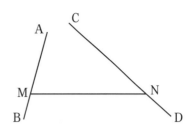

6 右の図の線分 A′B′ は線分 AB を回転移動したものである。
このときの回転の中心 O を作図によって求めなさい。(12点)

〔富 山〕

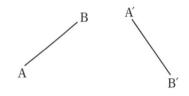

7 右の図のように，半直線 OX，OY と点 P がある。点 P を通る
直線をひき，半直線 OX，OY との交点をそれぞれ A，B とする。
このとき，OA＝OB となるように直線 AB を作図しなさい。

(12点)〔千 葉〕

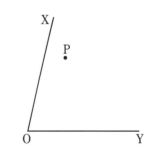

8 右の図で，点 D は△ABC の辺 BC 上にある点で，
∠ADB＝76° である。図をもとにして，辺 AC 上にあり，
∠ADP＝22° となる点 P を，定規とコンパスを用いて作図
によって求めなさい。(12点)

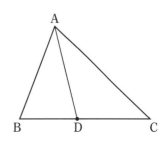

5 空間図形・データの整理

●時　間　30分　●得　点
●合格点　80点　　　　　点

解答▶別冊4ページ

1 下の**ア～エ**は，立方体の展開図である。これらの展開図を組み立ててそれぞれ立方体をつくったとき，辺ABと辺CDがねじれの位置にあるのはどれですか。その展開図の記号を書きなさい。(12点)　　　　〔広島〕

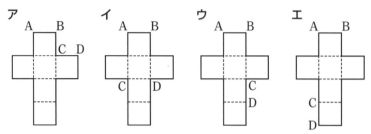

2 右の図はある円錐（えんすい）の展開図である。底面の半径が3cmのとき，次の問いに答えなさい。(10点×2)

(1) 側面のおうぎ形の半径を求めなさい。

(2) 表面積を求めなさい。

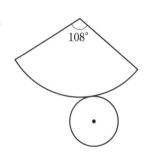

重要 3 図1において直線 ℓ を軸（じく）として1回転させてできる立体と，図2において直線 m を軸として1回転させてできる立体について，次の問いに答えなさい。(10点×2)　　〔初芝立命館高〕

(1) 2つの立体の体積が等しいとき，x の値を求めなさい。

(2) 2つの立体の表面積が等しいとき，x の値を求めなさい。

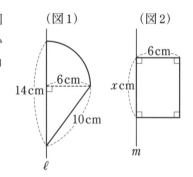

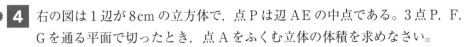

重要 **4** 右の図は1辺が8cmの立方体で，点Pは辺AEの中点である。3点P，F，Gを通る平面で切ったとき，点Aをふくむ立体の体積を求めなさい。

(10点)

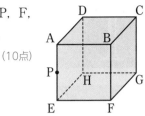

重要 **5** 右の図はあるクラス40人のハンドボール投げの記録をヒストグラムに表したものである。このヒストグラムでは，例えば，5～9の階級では，ハンドボール投げの記録が5m以上9m未満の人数が3人であったことを表している。また，ハンドボール投げの記録の中央値は18mであった。このとき，次の各問いに答えなさい。ただし，記録の値はすべて自然数である。

(7点×4)〔熊　本〕

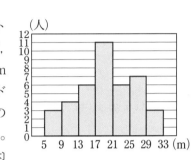

(1) ハンドボール投げの記録の最頻値（さいひんち）を求めなさい。

(2) ハンドボール投げの記録で，25m以上投げた人の相対度数を求めなさい。

(3) ハンドボール投げの記録を小さい順から並べたとき，20番目の値を a，21番目の値を b とする。このヒストグラムから考えられる a，b の値の組は2つある。その2つの組を求めなさい。

(4) ハンドボール投げの記録の平均値を求めなさい。

6 生徒10人の上体起こしの回数を測定し，多いほうから順に並べると，5番目の生徒と6番目の生徒の回数の差は4回で，10人の回数の中央値は25回であった。欠席したAさんが，次の日に上体起こしの回数を測定したところ28回であった。このとき，Aさんをふくめた11人の回数の中央値を求めなさい。(10点)

〔石　川〕

1 式 の 計 算 ①

Step A 〉 Step B 〉 Step C 〉

解答▶別冊5ページ

1 次の式を計算しなさい。

(1) $3x - 9y + 5x + 4y$

重要 (2) $6a + b - (3a - 5b)$

(3) $2(3x + y) + (4x - y)$

(4) $4(a - b) - (a - 9b)$

重要 (5) $4(x + 2y) - (-x + y)$

(6) $2(3a + 4b) - (2a - 5b)$

重要 (7) $3(2x - y) + 2(4x - 2y)$

(8) $2(5a + b) - 3(3a - 2b)$

2 次の式を計算しなさい。

(1) $(21x - 14y) \div (-7)$

(2) $(2x - 3y - 1) \div \left(-\dfrac{1}{4}\right)$

3 次の式を計算しなさい。

(1) $\dfrac{2x + y}{3} + \dfrac{5x - 7y}{6}$

重要 (2) $\dfrac{a + 2b}{3} - \dfrac{a - b}{2}$

(3) $\dfrac{x + y}{2} - \dfrac{3x - 5y}{8}$

重要 (4) $a - \dfrac{2a - b}{3}$

4 次の式を計算しなさい。

(1) $5xy^2 \times 8xy$

(2) $5ab^2 \div \dfrac{a}{3}$

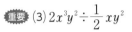(3) $2x^3y^2 \div \dfrac{1}{2}xy^2$

(4) $18xy^3 \div (-3y)^2$

5 次の式を計算しなさい。

(1) $4ab^2 \times (-6a) \div 8ab$

重要 (2) $-3a^2 \times (-2b)^2 \div 6ab$

(3) $6ab \times (-3ab)^2 \div 27ab^2$

(4) $8a \div (-4a^2b) \times ab^2$

(5) $14x^2y \div (-7y)^2 \times 28xy$

重要 (6) $9a^2 \div (-6ab) \times (-2b^2)$

6 次の式を計算しなさい。

(1) $8a^3b \div \left(-\dfrac{2}{3}ab^2\right)^2 \times \dfrac{b^3}{12}$ 〔桐朋高〕

(2) $\dfrac{1}{3}a^2b^3 \div \left(-\dfrac{1}{6}ab\right)^2 \times (-ab^2)^3$ 〔中央大附高〕

☑チェックポイント

① かっこをはずすときは，符号に気をつける。

  ＋( ) → そのままはずす   －( ) → 各項の符号を変えてはずす

② 分数型の式の加法・減法では，分母を通分して，分子の式だけ計算する。

  $\dfrac{-b+c}{a}\left(=\dfrac{-(b-c)}{a}\right)=-\dfrac{b-c}{a}$ のように変形することもできる。

③ 指数法則…$a^m \times a^n = a^{m+n}$, $(a^m)^n = a^{mn}$, $(ab)^n = a^n b^n$ （m, n は自然数）

Step **A** 〉 Step **B** 〉 Step **C** 〉

●時　間 30分　●得　点
●合格点 80点　　　　点

解答▶別冊6ページ

1 次の式を計算しなさい。(4点×11)

(1) $\dfrac{1}{4}(x-3y)-\dfrac{1}{6}(2x-3y)$ 〔石　川〕

(2) $4x-y-6\left(\dfrac{x}{2}+\dfrac{2y}{3}\right)$ 〔熊　本〕

(3) $2\left(\dfrac{5}{2}x-3y\right)-\dfrac{1}{3}(6x-21y)$ 〔京　都〕

(4) $12\left(\dfrac{2a-b}{4}-\dfrac{a-2b}{3}\right)$ 〔岩倉高〕

(5) $x-\dfrac{1}{3}y-\dfrac{x-3y}{4}$ 〔豊島岡女子高〕

(6) $x-\dfrac{3x-4y}{5}-\dfrac{x-2y}{3}$ 〔法政大高〕

(重要) (7) $\dfrac{5x-2y}{3}-\dfrac{2x-3y}{2}-\dfrac{3x+2y}{5}$ 〔法政大高〕

(8) $\dfrac{a+b}{4}-\left(\dfrac{3a}{2}-\dfrac{4a-2b}{3}\right)$ 〔ラ・サール高〕

(9) $\dfrac{x+y}{2}-\dfrac{3x-y}{6}+x-2y$ 〔和洋国府台女子高〕

(10) $5x-\dfrac{1}{2}\{-3x+4y-3(x+2y)\}$ 〔岩倉高〕

(11) $\dfrac{13x-7y+2}{6}-\left(\dfrac{7x-5y}{8}-\dfrac{8x-6y}{9}\right)\times12-x-3$ 〔成城高〕

2 次の式を計算しなさい。(4点×6)

重要 (1) $9x^4y^3 \div \left(-\dfrac{3}{5}xy^2\right)^3 \times \dfrac{y^3}{10}$ 〔立命館高〕

(2) $\left(\dfrac{5}{2}xy^2\right)^3 \div \dfrac{5}{8}x^2y^3 \times \left(\dfrac{2}{5}xy\right)^2$ 〔同志社高〕

(3) $\left(\dfrac{a^2b^3}{2}\right)^3 \times \left(-\dfrac{2a^2b}{3}\right)^2 \div \dfrac{2a^8b^7}{27}$ 〔城北高(東京)〕

(4) $\left(-\dfrac{2}{3}x^3y\right)^3 \div \left(-\dfrac{1}{6}x^2y^3\right)^2 \times \left(-\dfrac{3}{2}y\right)^5$ 〔中央大杉並高〕

(5) $18a^3bc^2 \div \left(-\dfrac{2}{3}a^2bc^3\right)^2 \times \left(-\dfrac{1}{3}ab^2c\right)^3$ 〔法政大高〕

(6) $\dfrac{1}{9}a^5b^6 \div \left(\dfrac{1}{6}a^2b\right)^2 + 3ab \times (-2b)^3$ 〔桐朋高〕

3 次の □ にあてはまる式を求めなさい。(8点×4)

(1) $\boxed{} \times (-2b^2) \times (-a^2) = -12a^3b$

(2) $6x^2 \times \boxed{} \div (-3xy) = -2x^2y$

(3) $(3x^2y^3)^2 \div (-2x^2y)^3 \times \boxed{} = \dfrac{3}{2}xy^4$ 〔愛光高〕

重要 (4) $-7x^2 \times \left(-\dfrac{1}{3xy^2}\right) \div \boxed{} = \dfrac{7}{9}xy$ 〔青雲高〕

2 式 の 計 算 ②

Step A 〉 Step B 〉 Step C

解答▶別冊8ページ

1 次の問いに答えなさい。

(1) $x=-\dfrac{1}{3}$, $y=\dfrac{3}{5}$ のとき，$5x-y-2(x-3y)$ の値を求めなさい。

重要 (2) $x=1$, $y=\dfrac{1}{3}$ のとき，$3(x-2y)+4(x+3y)-9$ の値を求めなさい。

(3) $a=3$, $b=-4$ のとき，$(-ab)^3\div ab^2$ の値を求めなさい。

重要 (4) $a=\dfrac{1}{2}$, $b=-\dfrac{1}{3}$ のとき，$-2a^2b\times(3a^2b^2)^2\div(-6a^3b^4)$ の値を求めなさい。〔國學院大久我山高〕

(5) $a=-2$, $b=-3$ のとき，$-3a^2b^5\times12a^3b^2\div(-9a^3b^2)^2$ の値を求めなさい。〔西大和学園高〕

2 $A=3x-y+1$, $B=x+y-2$ のとき，次の式を x, y を用いた最も簡単な式で表しなさい。

(1) $A-3B$

重要 (2) $\dfrac{A+B}{2}-\dfrac{2A-B}{3}$

1年の復習

第1章

第2章

第3章

第4章

第5章

第6章

総合実力テスト

要 **3** 次の等式を，〔 〕内の文字について解きなさい。

(1) $S = \dfrac{1}{2}ah$ 〔h〕

(2) $\ell = 2(a+b)$ 〔b〕

(3) $m = \dfrac{2a+b}{3}$ 〔b〕 〔富 山〕

(4) $S = \dfrac{1}{2}h(a+b)$ 〔b〕 〔鳥 取〕

4 次の問いに答えなさい。

(1) a を b でわったときの商が c で，余りが r であるとき，b を a，c，r を用いて表しなさい。

(2) 男子 30 人の平均点が a 点，女子 20 人の平均点が b 点，男女合わせた 50 人の平均点が m 点のとき，a を b，m を用いて表しなさい。

(3) 底面の半径が r cm で，高さが h cm である円柱の表面積を S cm^2 とするとき，h を r，S を用いて表しなさい。ただし，円周率は π とします。

重要 (4) a ％の食塩水 100g と 7 ％の食塩水 b g を混ぜ合わせると 3 ％の食塩水になった。a を b を用いて表しなさい。 〔國學院大久我山高〕

✓ **チェックポイント**

① **式の値**…式を簡単にしてから代入するとよい。

② **a について解く**…a をふくむ等式を変形して，「$a = \sim$」の形にする。

③ **b を a，c，d を用いて表す**…a，b，c，d の間に成り立つ等式をつくり，b について解く。

1 次の問いに答えなさい。(6点×5)

(1) $x=-1$, $y=3$ のとき, $\dfrac{5x-2y}{3}-\dfrac{4x-3y}{4}-\dfrac{x-y}{6}$ の値を求めなさい。

重要 (2) $a=-3$, $b=5$ のとき, $\left(\dfrac{3}{4}a^3b\right)^3\times\left(-\dfrac{1}{9}ab^2\right)^2\div\left(-\dfrac{5}{128}a^7b^6\right)$ の値を求めなさい。〔國學院大久我山高〕

(3) $x=-2$, $y=5$ のとき, $\left(-\dfrac{x^2y^3}{3}\right)^3\div\left(\dfrac{x^3y^6}{2}\right)\div(-x^2y)^2$ の値を求めなさい。〔西大和学園高〕

(4) $ab^2=30$ のとき, $-(2ab)^4\times3a^3b\div(-2a^2b)^3$ の値を求めなさい。〔洛南高〕

重要 (5) $A=7x^2+x-1$, $B=x-2$, $C=-2x^2+x+1$ のとき, $5B-3C-2\{A-2(B-C)\}$ を計算しなさい。〔早稲田大高〕

2　$a:b:c=3:4:5$ のとき, 次の問いに答えなさい。(6点×2)

重要 (1) $a=3k$(ただし, $k\neq0$)とおくとき, b, c をそれぞれ k を使って表しなさい。

(2) $\dfrac{b^2+c^2-a^2}{2bc}$ の値を求めなさい。

3 次の等式を，〔　〕内の文字について解きなさい。(7点×4)

(1) $x : (y-1) = 2 : 3$ 〔y〕 〔天理高〕

(2) $\dfrac{1}{x} + \dfrac{1}{y} = \dfrac{1}{z}$ 〔x〕 〔星翔高〕

(3) $c = \dfrac{2(a-3b)}{5}$ 〔b〕 〔帝塚山学院泉ヶ丘高〕

(4) $x = \dfrac{2ab}{a+b}$ （ただし，$x \neq 2b$）〔a〕

4 次の問いに答えなさい。(10点×3)

(1) ビーカー A には x%の食塩水 300g，ビーカー B には y%の食塩水 350g がそれぞれ入っている。A と B に入っている食塩水をすべて混ぜ合わせたところ 11%の食塩水ができた。このとき，y を x の式で表しなさい。 〔中央大附高〕

(2) 4%の食塩水 ag に，食塩を xg 加えたところ，b%の食塩水ができた。x を a と b を用いた式で表しなさい。 〔青雲高〕

(3) ある品物を原価 a 円で S 個仕入れた。この品物に 6 割の利益を見込んで定価をつけて売ると，仕入れた個数の $\dfrac{5}{7}$ を売ったところで全く売れなくなった。そこで，残りを 2 割引きで売ることにしたところ，残りの半分を売ることができた。それでも売れ残ったので，さらに半額にして売ったところすべて売り切ることができ，売り上げが t 円になった。a を S と t を用いた式で表しなさい。

3 式の計算の利用

Step A 〉 Step B 〉 Step C

解答▶別冊10ページ

1 連続した3つの整数の和は3の倍数である。このわけを説明しなさい。

2 奇数と偶数の和は奇数である。このわけを説明しなさい。

重要 **3** 百の位の数が a，十の位の数が b，一の位の数が c である3けたの自然数 N がある。このとき，$a+b+c$ が3の倍数ならば，N も3の倍数になることを次のように説明した。 (1) ～ (3) にあてはまる式を求めなさい。

〔説明〕

$a+b+c=3k$（k は自然数）とすると，

$N=$ (1) $=$ (2) $+3k=3($ (3) $)$

ここで， (3) は自然数であるから，N は3の倍数である。

4 千の位の数が a，百の位の数が b，十の位の数が c，一の位の数が d である4けたの自然数 N がある。このとき，十の位の数が c，一の位の数が d である2けたの自然数 M が4の倍数ならば，N も4の倍数になることを説明しなさい。

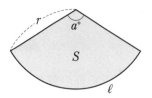

要 5 右の図のような，半径が $r$cm，中心角が $a°$，弧の長さが ℓcm であるおうぎ形の面積を Scm² とする。

(1) ℓ を a と r を使った式で表しなさい。

(2) S を a と r を使った式で表しなさい。

(3) $S = \dfrac{1}{2}\ell r$ となることを説明しなさい。

6 右のように，自然数を１から順に，１行に７個ずつ書いた表がある。この表において，例えば，３行目の４列目の数は18である。次の問いに答えなさい。

(1) m 行目の３列目の数を m を使って表しなさい。

	1列目	2列目	3列目	4列目	5列目	6列目	7列目
1行目	1	2	3	4	5	6	7
2行目	8	9	10	11	12	13	14
3行目	15	16	17	18	19	20	21
4行目	22	23	24	25	26	27	28
⋮							

(2) $17+26=43$，$43÷7=6$ 余り 1 のように，３列目に書かれた数と５列目に書かれた数の和を７でわった余りは１になる。このことを説明しなさい。

✓チェックポイント

文字を使った数字の表し方

① n の倍数…n ×（整数）

② 偶数…2×（整数）　奇数…2×（整数）＋1

③ 連続する３つの整数…n をいちばん小さい整数とすると n，$n+1$，$n+2$

④ a でわると b 余る数…a ×（整数）＋b　$(0 \leqq b < a)$

1 千の位の数が a, 百の位の数が b, 十の位の数が c, 一の位の数が d である 4 けたの自然数 N がある。このとき, $(b+d)-(a+c)$ が 11 の倍数(0 や負の数もふくむ)ならば, N も 11 の倍数になることを説明しなさい。(10点)

2 右の図のように, 円柱の中にきっちりと入っている球がある。(10点×2)

(1)(円柱の体積):(球の体積)を最も簡単な比で表しなさい。

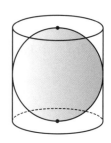

(2)(円柱の表面積):(球の表面積)を最も簡単な比で表しなさい。

3 千の位が 2 で百の位が 0 であるような 4 けたの自然数を A とし, A の各位の数字を逆に並べてつくった 4 けた以下の自然数を B とする。このとき, A と B の差がある自然数の 2 乗で表せるような A を「よい自然数」と呼ぶことにする。たとえば, $A=2018$ のとき $B=8102$ であるから, $B-A=6084=78^2$ となるので, 2018 は「よい自然数」であるが, $A=2010$ のときは $B=102$ であるから, $A-B=1908$ でこれは自然数の 2 乗では表せないので, 2010 は「よい自然数」ではない。

〔大阪星光学院高〕

(1)一の位が 2 であるような自然数 A は「よい自然数」にはならないことを説明しなさい。(15点)

(2)2018 以外の「よい自然数」を 1 つ求めなさい。(10点)

1年の復習

第1章

第2章

第3章

第4章

第5章

第6章

総合実力テスト

要 **4** 図1のような，縦5cm，横8cmの長方形の紙Aがたくさんある。Aをこの向きのまま，図2のように，m枚を下方向につないで長方形Bをつくる。次に，そのBをこの向きのまま図3のように右方向にn列つないで長方形Cをつくる。長方形の【つなぎ方】は，次の(ア)，(イ)のいずれかとする。

【つなぎ方】
(ア)幅1cm重ねてのり付けする。
(イ)すき間なく重ならないように透明なテープを貼る。

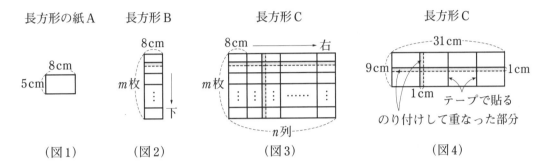

長方形の紙A　長方形B　長方形C　長方形C

（図1）　（図2）　（図3）　（図4）

例えば，図4のように，Aを2枚，(ア)で1回つないでBをつくり，そのBを4列，(ア)で1回，(イ)で2回つないで長方形Cをつくる。このCは $m=2$，$n=4$ であり，たての長さが9cm，横の長さが31cmとなり，のり付けして重なった部分の面積は$39cm^2$となる。　〔栃木〕

(1)【つなぎ方】は，すべて(イ)とし，$m=2$，$n=5$ のCをつくった。このとき，Cの面積を求めなさい。(10点)

(2)【つなぎ方】は，すべて(ア)とし，$m=3$，$n=4$ のCをつくった。このとき，のり付けして重なった部分の面積を求めなさい。(10点)

(3)Aをすべて(ア)でつないでBをつくり，そのBをすべて(イ)でつないでCをつくった。Cの周の長さをℓcmとする。右方向の列の数が下方向につないだ枚数より4だけ多いとき，ℓは6の倍数になる。このことをmを用いて説明しなさい。(15点)

(4)Cが正方形になるときの1辺の長さを，短いほうから3つ答えなさい。(10点)

Step A ＞ Step B ＞ Step C-①

●時　間 40分	●得　点
●合格点 70点	点

解答 ▶ 別冊12ページ

1 次の問いに答えなさい。(4点×3)

(1) $(3ab^2)^2 \div 6a - \left(-\dfrac{2b^2}{a}\right)^3 \div \left(\dfrac{4b}{a^2}\right)^2$ を計算しなさい。 〔愛光高〕

(2) $x = -\dfrac{3}{2}$, $y = \dfrac{9}{4}$ のとき, $\dfrac{x+4y}{6} - \dfrac{3x-2y}{4}$ の値を求めなさい。 〔豊島岡女子学園高〕

(3) $\dfrac{x}{2} = \dfrac{y}{3} = \dfrac{z}{4}$ のとき, $\dfrac{x^2+y^2+z^2}{xy+yz+zx}$ の値を求めなさい。 〔西大和学園高〕

2 次の文を読んで ア ～ コ に適する数値を求めなさい。(ただし, オ＜カとします)

(4点×10) 〔近畿大附高〕

1562, 4103, 6666 のように千の位の数と十の位の数の和が百の位の数と一の位の数の和に等しい4けたの正の整数 N を考える。

N の千の位の数を a, 百の位の数を b, 十の位の数を c, 一の位の数を d と表すと,

$N = $ ア $a + $ イ $b + $ ウ $c + d$ となる。

これは, $N = 10(a+c) + (b+d) + $ エ $(10a+b)$ と変形できる。

ここで, $a+c = b+d$ なので, この値を k とおくと, $N = $ オ $(90a+9b+k)$ となる。

以下, $k = 3$ とする。

このとき N は カ の倍数で, このような N は全部で キ 個ある。最も大きい数は ク で, 97 でわり切れる数は ケ である。また, 2310 は コ と素因数分解できる。

3 百の位が 0 でない 4 けたの自然数 N がある。N の百の位の数を千の位に，十の位の数を百の位に，一の位の数を十の位に，千の位の数を一の位に移しかえてできる 4 けたの自然数を M とする。ある N に対して，A，B，C の 3 人に $N+M$ を計算させたところ，A は 3928，B は 3938，C は 3848 と答えた。(8点×2)

(1) 正しく計算したのはだれですか。また，その理由も答えなさい。

(2) N を求めなさい。

4 白い碁石と黒い碁石がたくさんある。これらの碁石を，右の図のように，白，黒，黒，白，黒，黒，……と，白 1 個，黒 2 個の順で，1 段目には 1 個，2 段目には 2 個，3 段目には 3 個，……を，矢印の方向に規則的に置いていく。(8点×4)　　　　　〔愛　媛〕

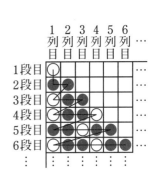

(1) 8 段目に置かれている碁石のうち，白い碁石は全部で何個ですか。

(2) 1 段目から 15 段目までに置かれている碁石のうち，3 列目に置かれている白い碁石は全部で何個ですか。

(3) n 段目から $(n+2)$ 段目までに置かれている碁石の数は，白と黒を合わせると全部で ア 個であり，そのうち，白い碁石の個数は イ 個である。
　ア，イにあてはまる数を，それぞれ n を用いて表しなさい。

(4) x 段目に置かれている碁石のうち，白い碁石の個数が全部で 20 個となるときの，x の値をすべて求めなさい。

●時 間 40分	●得 点
●合格点 70点	点

解答▶別冊13ページ

1 次の問いに答えなさい。(10点×2)

(1) $\dfrac{x+y}{3}=\dfrac{x-y}{5}(\neq 0)$ のとき，$\dfrac{x^2+4y^2}{xy}$ の値を求めなさい。　　　　　〔成城高〕

(2) $\dfrac{1}{x}+\dfrac{1}{y}=2$ のとき，$\dfrac{4x-3xy+4y}{x+y}$ の値を求めなさい。　　　　　〔立命館高〕

2 濃度6%の食塩水 ag と濃度14%の食塩水 bg を混ぜたら濃度9%の食塩水ができた。濃度6%の食塩水 bg と濃度14%の食塩水 ag を混ぜてできる食塩水の濃度は何%か求めなさい。

(10点)〔早稲田実業学校高〕

3 ある4けたの自然数 P について，この自然数のいちばん左の数字をいちばん右に移動してつくられた4けたの自然数を Q とする。例えば，$P=1234$ のときは $Q=2341$ となる。P の千の位の数字を x，下3けたの数を y とする。ただし，Q の千の位が0になるような P は考えないものとする。(10点×3)　　　　　〔城北高(東京)〕

(1) 自然数 P，Q を x，y を用いて表しなさい。

(2) $P+Q=5379$ となるとき，y を x の式で表しなさい。

(3) (2)の条件をみたす自然数 P のうち，偶数であるものをすべて求めなさい。

要 **4** 点(0, 1)，点(2, 3)のように，x座標，y座標がともに整数である点を格子点(こうしてん)という。原点をOとし，A($2n$, 0)，B($2n$, n)，C(0, n)とするとき，次の問いに答えなさい。ただし，nは正の整数とする。

〔長崎 - 改〕

(図1)

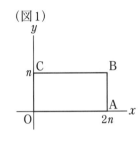

(1) 図1のように，4点O，A，B，Cを頂点とする長方形OABCの周上および内部にある格子点の個数について，次の①，②に答えなさい。

① 図2，図3はそれぞれ$n＝1$，$n＝2$のときに長方形OABCの周上および内部にある格子点を・で表したものである。また，下の表は$n＝1$，2，3，4のとき長方形OABCの周上および内部にある格子点の個数についてまとめたものである。表の中の(あ)，(い)にあてはまる数を答えなさい。(6点×2)

(図2)

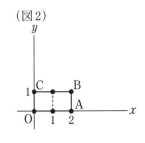

n	1	2	3	4
周上にある格子点の個数(個)	6	12	(あ)	24
内部にある格子点の個数(個)	0	3	(い)	21
周上および内部にある格子点の個数(個)	6	15	28	45

(図3)

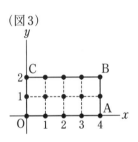

② 長方形OABCの周上および内部にある格子点の個数について ▢ の ア ～ ウ にあてはまるnの式を答えなさい。(6点×3)

> 　辺OC上には頂点O，Cもふくめ ア 個の格子点があり，辺OA上には頂点O，Aを除き($2n-1$)個の格子点があるので，長方形OABCの周上には イ 個の格子点がある。また，長方形OABCの内部にある格子点の個数は ウ 個である。

(2) 図4のように，3点O，A，Bを頂点とする△OABの周上および内部にある格子点の個数をnの式で表しなさい。(10点)

(図4)

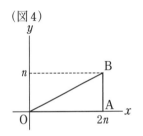

いろいろな連立方程式

Step A 〉 Step B 〉 Step C 〉

解答▶別冊14ページ

重要 1 次の連立方程式を解きなさい。

(1) $\begin{cases} 2x+3y=-1 \\ -4x-5y=-1 \end{cases}$
　　　　　　　　　　　　　(2) $\begin{cases} x=2+y \\ 9x-5y=2 \end{cases}$

(3) $\begin{cases} x+2y=10 \\ x:(y+2)=3:2 \end{cases}$
　　　　　　　　　　　　　(4) $3x+y=x-y=4$

(5) $\begin{cases} \dfrac{x+y}{3}=\dfrac{1+y}{2} \\ 3x-2y=1 \end{cases}$ 〔都立立川高〕　(6) $\begin{cases} x+0.5y=0.25 \\ \dfrac{1}{5}(x-3y)=\dfrac{3}{4} \end{cases}$ 〔都立墨田川高〕

2 次の連立方程式を解きなさい。

(1) $5x+7y=\dfrac{2}{3}x+\dfrac{1}{2}y=3$ 〔青雲高〕　(2) $\begin{cases} 79x+54y=61 \\ 21x+46y=39 \end{cases}$ 〔法政大第二高〕

(3) $\begin{cases} 5x-8y=14 \\ \dfrac{3}{x}=\dfrac{1}{y} \end{cases}$ 〔明治学院高〕　(4) $\begin{cases} \dfrac{2}{x}-\dfrac{3}{y}=12 \\ \dfrac{5}{x}+\dfrac{2}{y}=11 \end{cases}$ 〔法政大国際高〕

3 連立方程式 $\begin{cases} 3(x+y)-(x-y)=18 \\ 2(x+y)+3(x-y)=-10 \end{cases}$ について答えなさい。

(1) $x+y=A$, $x-y=B$ とするとき，A, B の値を求めなさい。

(2) 連立方程式の解 x, y を求めなさい。

4 次の問いに答えなさい。

(1) 連立方程式 $\begin{cases} ax+2y=-b \\ 2ay=-8x+b \end{cases}$ の解は $x=1$, $y=3$ です。このとき，a, b の値を求めなさい。

〔明治大付属中野高〕

(2) x, y についての2つの連立方程式 $\begin{cases} -x+2y=-2 \\ ax+by=5 \end{cases}$ と $\begin{cases} 2x-3y=6 \\ ax-by=-1 \end{cases}$ が同じ解を持つとき，定数 a, b の値を求めなさい。

〔東京学芸大附高〕

(3) 2組の連立方程式 $\begin{cases} 3x-y=7 \\ ax+y=5 \end{cases}$ ……①，$\begin{cases} x+by=-1 \\ 3x+y=-1 \end{cases}$ ……②がある。②の解の x と y を入れかえると，①の解と一致する。このとき，a, b の値を求めなさい。

〔近畿大附高〕

☑チェックポイント

① 係数に小数や分数がふくまれるときは，両辺を何倍かして係数を整数にする。

② 分母に文字がふくまれるときは，$\dfrac{1}{x}=X$, $\dfrac{1}{y}=Y$ のように置きかえて解く。

③ **比例式**…$a:b=c:d$ は $ad=bc$ と変形して解く。

④ $A=B=C$ 型の連立方程式… $\begin{cases} A=B \\ B=C \end{cases}$ $\begin{cases} A=B \\ A=C \end{cases}$ $\begin{cases} A=C \\ B=C \end{cases}$ のように組み合わせて解く。

●時　間 30分	●得　点
●合格点 80点	点

解答▶別冊15ページ

1 次の連立方程式を解きなさい。(5点×8)

(1) $\begin{cases} 9x + 7y = \dfrac{7}{12} \\ 27x + y = \dfrac{29}{28} \end{cases}$ 〔東海高〕

(2) $\begin{cases} 2x + \dfrac{3}{y} = 2 \\ 3x + \dfrac{2}{y} = 8 \end{cases}$ 〔福岡大附属大濠高〕

(3) $\begin{cases} \dfrac{1}{5}(2x+1) - \dfrac{1}{6}y = \dfrac{1}{3} \\ 0.1(0.2y - 0.3x) = 0.02 \end{cases}$ 〔ラ・サール高〕

(4) $\begin{cases} (x-1) : (y-1) = 4 : 3 \\ \dfrac{1}{33}x + \dfrac{1}{22}y = \dfrac{1}{3} \end{cases}$ 〔法政大高〕

(5) $\dfrac{4}{x+2} = \dfrac{5}{y+3} = \dfrac{7}{x+y}$ 〔京都市立堀川高〕

(6) $\dfrac{2x-1}{4} = \dfrac{2x+y+2}{3} = \dfrac{2x+y-1}{5}$

(7) $\begin{cases} \dfrac{x+y}{xy} = 10 \\ \dfrac{1}{x} - \dfrac{1}{y} = 6 \end{cases}$ 〔中央大附高〕

(8) $\begin{cases} 51x + 49y = 1 \\ 49x + 51y = 2 \end{cases}$ 〔慶應義塾高〕

要 **2** 次の問いに答えなさい。(12点×5)

(1) x, y についての2つの連立方程式 $\begin{cases} 3x-4y=14 \\ ax+by=29 \end{cases}$ の解と $\begin{cases} x-2y=8 \\ 2ax-by=-17 \end{cases}$ の解が一致する。このとき，a, b の値を求めなさい。 〔福岡大附属大濠高〕

(2) 連立方程式 $\begin{cases} 2x+y=5a-13 \\ 3x-2y=-2a+1 \end{cases}$ の解は，y が x の2倍になっている。このとき，定数 a の値を求めなさい。 〔近畿大附高〕

(3) 連立方程式 $\begin{cases} 2x+y=1 \\ \dfrac{x}{4}-\dfrac{y}{2}=3a \end{cases}$ の解が，方程式 $3x-y=5$ を満たすとき，a の値と，方程式の解を求めなさい。 〔立命館高〕

(4) 連立方程式 $\begin{cases} ax+by=8 \\ ax-2by=-4 \end{cases}$ を解くつもりが，$\begin{cases} bx+ay=8 \\ bx-2ay=-4 \end{cases}$ を解いてしまったので，解が $x=1$, $y=6$ になった。もとの連立方程式の解を求めなさい。 〔大阪青凌高〕

(5) a を整数とする。x, y についての連立方程式 $\begin{cases} ax+y=20 \\ 2x-y=17 \end{cases}$ の解がともに自然数となるとき，a の値を求めなさい。 〔西大和学園高〕

5 連立方程式の利用 ①

Step **A** 〉 Step **B** 〉 Step **C** 〉

解答▶別冊17ページ

1 全校生徒数が600人の高校において，通学における自転車の利
用状況（じょうきょう）を調べたところ，女子の自転車を利用する生徒数が100
人，男子の自転車を利用しない生徒数が70人であった。また，
自転車を利用する生徒数の3倍は，自転車を利用しない生徒数
の4倍より50人多かった。男子の自転車を利用する生徒数を
x人，女子の自転車を利用しない生徒数をy人として，利用状況を表のように整理した。〔佐賀〕

	男子	女子
自転車を利用する生徒数(人)	x	100
自転車を利用しない生徒数(人)	70	y

(1) 自転車を利用する生徒数をxを用いて表しなさい。

(2) x，yについての連立方程式を次のようにつくった。このとき，①，②にあてはまる式を，x，y
を用いてそれぞれ表しなさい。

$$\begin{cases} \boxed{\qquad ① \qquad} = 600 \\ \boxed{\qquad ② \qquad} = 50 \end{cases}$$

(3) 男子の自転車を利用する生徒数と，女子の自転車を利用しない生徒数をそれぞれ求めなさい。

記述
2 1個の値段が120円，100円，80円の3種類のりんごを合わせて17個買い，1580円支払った（しはらった）。
このとき，80円のりんごの個数は120円のりんごの個数の3倍であった。3種類のりんごをそ
れぞれ何個買いましたか。ただし，120円のりんごをx個，100円のりんごをy個買ったとして，
その方程式と計算過程も書きなさい。なお，消費税は考えないものとする。　〔鹿児島〕

3 ゆうきさんは，家族の健康のためにカロリーを控えめにしたおかずとして，ほうれん草のごま和えをつくろうと考えている。食事全体の量とカロリーのバランスを考え

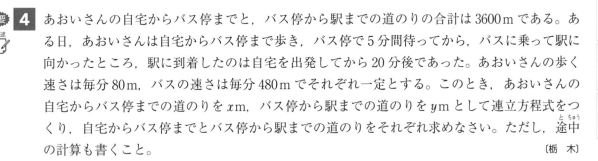

食品名	分量に対するカロリー
ほうれん草	270gあたり54kcal
ごま	10gあたり60kcal

て，ほうれん草のごま和え83gで，カロリーを63kcalにする。右の表は，ほうれん草とごまのカロリーを示したものである。このとき，ほうれん草とごまは，それぞれ何gにすればよいですか。その分量を求めなさい。ただし，用いる文字が何を表すかを示して方程式をつくり，それを解く過程も書くこと。　　　　　　　　　　　　　　　　　　　　　　　　　　　　〔岩　手〕

4 あおいさんの自宅からバス停までと，バス停から駅までの道のりの合計は3600mである。ある日，あおいさんは自宅からバス停まで歩き，バス停で5分間待ってから，バスに乗って駅に向かったところ，駅に到着したのは自宅を出発してから20分後であった。あおいさんの歩く速さは毎分80m，バスの速さは毎分480mでそれぞれ一定とする。このとき，あおいさんの自宅からバス停までの道のりをxm，バス停から駅までの道のりをymとして連立方程式をつくり，自宅からバス停までとバス停から駅までの道のりをそれぞれ求めなさい。ただし，途中の計算も書くこと。　　　　　　　　　　　　　　　　　　　　　　　　　　　　　　　　　　　　〔栃　木〕

5 十の位の数と一の位の数が等しく，すべての位の数の合計が16である3けたの自然数Nがある。Nの十の位の数はそのままにして，百の位の数と一の位の数を入れかえてできる自然数をMとすると，$M-N=495$になった。このとき，3けたの自然数Nを求めなさい。

☑チェックポイント

① 問題の内容を表などにまとめてみると，方程式が立てやすくなる。

　　例 2けたの自然数は，十の位をx，一の位をyとすると，$10x+y$と表される。

② 速さの問題では，速さ・距離・時間の単位をあわせて方程式をつくる。

③ 自然数に関する問題では，各位の数をx，yなどとして，自然数を表す。

Step A　Step B　Step C

●時　間 40分	●得　点
●合格点 80点	点

解答▶別冊18ページ

重要 **1** 1個150円のりんごと1個100円のみかんを何個かずつ買い，代金の合計は1500円になる予定だった。ところがりんごの個数とみかんの個数をとりちがえてしまったため，予想していた金額よりも250円高くなった。このとき，はじめに買う予定であったりんごの個数を求めなさい。(10点)

〔大阪薫英女学院高〕

2 A，B，Cの3つの中学校の生徒が，あるクイズ大会に参加した。C中学校の参加人数は10人で，A中学校の参加人数はB中学校とC中学校の参加人数の合計の$\frac{2}{3}$倍であった。A中学校の参加人数をx人，B中学校の参加人数をy人とするとき，次の問いに答えなさい。

(10点×3)　〔広島大附高〕

(1) xとyの関係を表す等式をつくり，yについて解いた等式として答えなさい。

(2) クイズ大会は，午前と午後の2回行われた。午前の部のクイズの得点について，A中学校の生徒の平均が60点，B中学校の生徒の平均とC中学校の生徒の平均がともに70点であった。3つの中学校の参加者全体の得点の平均を求めなさい。

(3) 午後の部のクイズの得点について，A中学校とB中学校の生徒の平均は，一方が72点，他方が65点であり，C中学校の生徒の平均は70点であった。また，3つの中学校の参加者全体の得点の平均が69点であった。x，yの値を求めなさい。

3 ある中学校では，リサイクル活動の1つとして，古紙を集めて，毎月トイレットペーパーと交換している。集めている古紙は，新聞紙，段ボール，雑誌の3種類で，右の表は，トイレットペーパー1個と交換できる重さを表したものである。ただし，交換できる重さに満たない場合は，その分を翌月に繰り越すものとする。(10点×2) 〔和歌山〕

古紙の種類	トイレットペーパー1個と交換できる重さ(kg)
新聞紙	10
段ボール	12
雑誌	15

(1) あるクラスでは，新聞紙23kg，段ボール36kg，雑誌32kgの古紙を集めた。合計何個のトイレットペーパーと交換できるか，求めなさい。

(2) ある月の，トイレットペーパーと交換した古紙の重さの合計は478kgであり，トイレットペーパー40個と交換できた。トイレットペーパーと交換した古紙のうち，段ボールの重さが108kgであったとき，新聞紙と雑誌は，それぞれ何kgであったか，求めなさい。

4 3けたの正の整数Nがある。Nを100でわった余りは百の位の数を12倍した数に1加えた数に等しい。また，Nの一の位の数を十の位に，Nの十の位の数を百の位に，Nの百の位の数を一の位にそれぞれ置きかえてできる数はもとの整数Nより63大きい。このとき，正の整数Nを求めなさい。(20点) 〔西大和学園高〕

5 先生が12人の生徒を学校から22km離れた会場まで連れて行く。先生の車には生徒は一度に6人しか乗れないので，6人だけ乗せて学校を車で出発し，残り6人は歩いて会場に向かった。学校から$x$kmの地点で6人を降ろし，その6人は歩いて会場に向かった。先生は車で学校のほうへ引き返し，歩いて来ている残りの6人を学校から$y$kmの地点で乗せ，再び会場に向かったところ，途中から歩いて向かった6人と同時に会場に着いた。生徒の歩く速さを時速5km，車の速さを時速40kmとして，x，yの値を求めなさい。(20点) 〔愛光高〕

連立方程式の利用 ②

Step A ＞ Step B ＞ Step C

解答▶別冊19ページ

重要 **1** A 中学校の生徒数は，男女合わせて 365 人である。そのうち，男子の 80％と女子の 60％が運動部に所属しており，その人数は 257 人であった。このとき，A 中学校の男子の生徒数と女子の生徒数をそれぞれ求めたい。　　　　　　　　　　　　　　　　　　　〔富 山〕

(1) A 中学校の男子の生徒数を x 人，女子の生徒数を y 人として，連立方程式をつくりなさい。

(2) A 中学校の男子の生徒数と女子の生徒数を，それぞれ求めなさい。

重要 **2** ある高校の昨年の生徒数は 1000 人だった。今年は男子が 4％減り，女子が 15％増えたため，生徒数は昨年に比べて 17 人増えた。今年の男子と女子の生徒数はそれぞれ何人ですか。　　　　　　　　　　　　　　　　　　　　　　　　　　　　　〔早稲田摂陵高〕

3 A 町，B 町では毎年人口調査をしている。一昨年の調査では，A 町が x 人，B 町が y 人であったが，昨年は A 町が一昨年より 4％減少し，B 町が一昨年より 120 人増加したので，両町の人口の合計は 6500 人であった。今年は A 町が昨年より 76 人減少し，B 町が昨年より 8％増加したので，A 町の人口から B 町の人口をひくと 392 人であった。このとき，x, y の値を求めなさい。　　　　　　　　　　　　　　　　　　　　　　　　　　　　　　　　〔愛光高〕

4 A君とB君が鉛筆とボールペンを持っている。2人の持っている鉛筆とボールペンの本数を合わせると40本であった。はじめA君は全体の鉛筆の本数の4割を，全体のボールペンの本数の6割を持っていた。A君はB君にボールペンを2本渡し，B君はA君に自分の持っている鉛筆の2割の本数を渡すと，2人が持っている鉛筆とボールペンの本数の合計は一致した。全体の鉛筆の本数を x 本，ボールペンの本数を y 本として，次の問いに答えなさい。　〔大谷高〕

(1) はじめにA君が持っていた鉛筆の本数を x で，ボールペンの本数を y で表しなさい。

(2) はじめにA君とB君はそれぞれ鉛筆とボールペンを何本持っていたか答えなさい。

5 A，B2つの容器があり，Aには15％の食塩水が x g，Bには7％の食塩水が y g 入っている。2つの容器の食塩水を混ぜ合わせると10％の食塩水が800g できた。このとき，x，y に関する連立方程式をつくり，その連立方程式を解いて x，y を求めなさい。　〔梅花高〕

6 x％の食塩水300gと y％の食塩水200gを混ぜると，9％の食塩水になりました。また，$2x$％の食塩水300gと9％の食塩水200gを混ぜると y％の食塩水になりました。このとき，x，y の値を求めなさい。　〔明治大付属中野高〕

☑チェックポイント

① 増加，減少に関する問題では，増加，減少する前の数値を x，y として方程式をつくるほうがわかりやすい。ただし，答えに注意すること。

② 食塩水の問題では，食塩水全体の重さと食塩の重さに着目して連立方程式をつくる。

Step A ▶ Step B ▶ Step C

●時　間 40分　●得　点
●合格点 80点　　　　点

解答▶別冊20ページ

記述 **1** 2つの商品 A，B をそれぞれ何個かずつ仕入れた。1日目は，A，B それぞれの仕入れた数の 75％，30％が売れたので，A と B の売れた総数は，A と B の仕入れた総数の半分より9個多かった。2日目は，A の残りのすべてが売れ，B の残りの半分が売れたので，2日目に売れた A と B の総数は273個であった。仕入れた A，B の個数をそれぞれ求めなさい。答えのみでなく求め方も書くこと。(14点)　　　　　　　　　　　　　　　　　　　　　　　　　〔桐朋高〕

重要 **2** 路面電車が起点の停留所 A を出発し，停留所 B を経由して終点の停留所 C に到着する。停留所 A から停留所 B までの運賃は110円，停留所 B から停留所 C までの運賃は130円，停留所 A から停留所 C までの運賃は170円である。停留所 A からの乗客は12人であった。停留所 B で何人かの乗客が降車し，何人かが乗車した。停留所 C で乗客17人全員が降車した。停留所 A から停留所 C までの区間で，支払われた運賃の総額は2900円であった。停留所 B で乗車した人数を求めなさい。(14点)　　　　　　　　　　　　　　　　　　〔都立産業技術高専〕

3 2つの工場 A，B では同じ製品をつくっている。この製品を1個つくるのに，工場 A では54円，工場 B では49円かかる。また，工場 A でつくられた製品のうちの4％，工場 B でつくられた製品のうちの5％が不良品である。ある日，工場 A で x 個，工場 B で y 個の製品をつくると，2つの工場合わせて81180円かかり，工場 A の不良品の個数は工場 B の不良品の個数よりも2個少なかった。このとき，x，y の値を求めなさい。(14点)　　　　　　　　　　　　　　　〔愛光高〕

4 はじめ容器 A には濃度 x %の食塩水が 400g，容器 B には濃度 y %の食塩水が 800g 入っている。まず，容器 B から容器 A に食塩水を 100g 移し，よくかき混ぜてから，容器 A から容器 B に食塩水を 100g 戻したところ，容器 A の食塩水の濃度は 2.8 %，容器 B の食塩水の濃度は 9.1 %になった。(10点×3)

(1) 容器 B から容器 A に食塩水を 100g 移したとき，容器 A の食塩水にふくまれる食塩の重さを x，y を用いて表しなさい。

(2) 容器 A から容器 B に食塩水を 100g 戻したとき，容器 B の食塩水にふくまれる食塩の重さを x，y を用いて表しなさい。

(3) x，y の値を求めなさい。

5 男子 x 人，女子 y 人に赤球と青球を配った。ただし，同じ色の球は 1 人に 1 個配ったか，または配られなかったものとする。赤球は男子の 75 %，女子の 80 %に配られ，青球は男子の 50 %，女子の 60 %に配られた。また，配られた赤球と青球の総数は 108 個で，配られた赤球は配られた青球より 18 個多かった。x，y の値を求めなさい。答えだけでなく求め方も書くこと。

(14点) 〔桐朋高〕

6 ある美術館の入館者数を調査した。9 月は男女合わせて 3300 人だった。10 月は 9 月に比べて男性の人数を比較すると 6 %減り，女性の人数を比較すると 5 %増えた。11 月は 10 月に比べて全体で 3 %増え，3399 人だった。9 月に入館した男性の人数を求めなさい。(14点)

〔中央大杉並高〕

Step A 〉 Step B 〉 Step C-①

●時間 35分　●得点
●合格点 70点　　　点

解答▶別冊21ページ

1 次の連立方程式を解きなさい。(10点×2)

(1) $\begin{cases} 3(x-y)-2(x-5)=13 \\ 4(x-y)-(x-5)=-6 \end{cases}$ 〔帝塚山高〕

(2) $\begin{cases} \dfrac{1}{x+y}+\dfrac{1}{x-y}=\dfrac{5}{8} \\ \dfrac{1}{x+y}-\dfrac{1}{x-y}=-\dfrac{3}{8} \end{cases}$ 〔清風南海高〕

重要 2 x, y についての2つの連立方程式

$\begin{cases} -bx+5y=4a+3 & \cdots\cdots① \\ 5x-6y=3 \end{cases}$　$\begin{cases} -3x+2y=7 & \cdots\cdots② \\ ax+by=-12 \end{cases}$

がある。①と②の解の x の値は等しく，②の解の y の値は，①の解の y の値に x の値の2倍を加えたものである。(10点×2)　〔明治大付属明治高〕

(1) 連立方程式①の解を求めなさい。

(2) a, b の値を求めなさい。

3 x, y についての連立方程式 $\begin{cases} ax+by=24 \\ cx-2y=19 \end{cases}$ を A さんは正しく解いて，$x=5$, $y=-2$ をえた。ところが B さんは c を書き間違えて解いたため $x=\dfrac{17}{2}$, $y=-1$ となった。a, b, c の値を求めなさい。(14点)　〔高知学芸高〕

要 **4** 1周の距離が4.2kmである円形の遊歩道を A, B の2人が一定の速度で歩く。歩道上の点 P から逆向きで2人同時に出発すると, 30分後に点 Q で出会った。その後 B が速さを1.2倍に上げて点 Q から2人とも同じ向きで同時に出発すると, 140分後に A が B に追いつき, 再び出会った。最初に点 P を出発したときの A, B それぞれの歩く速さは時速何 km ですか。(14点)

〔関西学院高〕

5 図のような1辺の長さが1cm の正六角形 ABCDEF の辺上を時計と逆回りに動く点 P がある。点 P は最初頂点 A にあり, 1枚の硬貨を1回投げて, 表が出れば3cm 動き, 裏が出れば2cm 動く。このとき, 次の問いに答えなさい。(8点×4)

〔清風高〕

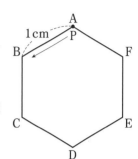

(1) 硬貨を5回投げて, 表が3回, 裏が2回出たとき, 点 P が動いた距離を求めなさい。また, 点 P が最後に止まった頂点を答えなさい。

(2) 硬貨を10回投げ終えたとき, 点 P は頂点 C で止まった。表と裏がどちらも少なくとも1回は出たとして, 点 P が動いた距離を求めなさい。

(3) 硬貨を何回か投げて, 表が x 回, 裏が y 回出たとき,
　①投げた回数が100回で, 点 P は最後に頂点 D で止まった。点 P の動いた距離が250cm に最も近いとき, x と y の値を求めなさい。

難 ②x, y について, $3x - y + 4 = 0$ が成り立っていた。このとき, 点 P が最後に止まった頂点として考えられる頂点は2つある。その2つの頂点を答えなさい。

Step A 〉 Step B 〉 Step C-②

●時 間 35分　●得 点
●合格点 70点　　　　　点

解答▶別冊23ページ

1 次の問いに答えなさい。(11点×2)

(1) 連立方程式 $\begin{cases} -x+5y=28 \\ ax-3y=-21 \end{cases}$ の解の $x,\ y$ の値を入れかえると，

$\begin{cases} 5x+by=13 \\ 2x-7y=31 \end{cases}$ の解になります。定数 $a,\ b$ の値を求めなさい。　　　〔明治大付属中野高〕

(2) 連立方程式 $\begin{cases} 4x-y-z=0 \\ 5x-2y+10z=0 \end{cases}$ を満たす自然数 $x,\ y,\ z$ で，それらの最小公倍数が 360 である

ようなものを求めなさい。　　　〔灘 高〕

2 A 君の家から P 地までの間に峠 Q がある。ある日，A 君は家と P 地の間を往復した。行きは，家から峠 Q まで登り，峠 Q から P 地まで下り，かかった時間は 102 分であった。帰りは，P 地から峠 Q まで登り，峠 Q から家まで下り，かかった時間は 96 分であった。行きと帰りの登りの速さは等しく，行きと帰りの下りの速さも等しい。登りの速さと下りの速さの比は 5：6 である。(12点×2)　　　〔桐朋高〕

(1) 行きに家から峠 Q までにかかった時間を x 分，峠 Q から P 地までにかかった時間を y 分とする。$x,\ y$ の連立方程式をつくり，$x,\ y$ の値を求めなさい。答えのみでなく求め方も書くこと。

(2) 家から峠 Q を通って P 地まで行く道のりは 5400m である。家から峠 Q までの道のりは何 m ですか。

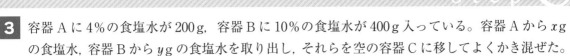

3 容器Aに4%の食塩水が200g，容器Bに10%の食塩水が400g入っている。容器Aからxg の食塩水，容器Bからygの食塩水を取り出し，それらを空の容器Cに移してよくかき混ぜた。

(9点×3) 〔成蹊高〕

(1) 容器Cにふくまれる食塩の量をx，yの式で表しなさい。

(2) 次に，容器Cに入っている食塩水の半分を容器Aに移し，残りの半分を容器Bに移して，それぞれよくかき混ぜたところ，容器Aの食塩水の濃度は5%になった。このとき容器Aにふくまれる食塩の量をx，yを用いて2通りの式で表しなさい。

(3) さらに，$x+y=200$ とするとき，x，yの値を求めなさい。

4 次の ▢ にあてはまる自然数を入れなさい。(3点×9) 〔早稲田大高〕

多面体における頂点の数をV，辺の数をE，面の数をFとするとき，$V-E+F=2$ であることが知られている。いま，頂点の数Vが24で，どの頂点にも正三角形4つと正方形1つが集まっている多面体を考える。

(1) 各頂点に集まっている辺の数は ⑦ であるから，この多面体の辺の総数Eは ④ である。したがって，面の総数Fは ⑨ である。

(2) 正三角形の面の数をx，正方形の面の数をyとして連立方程式をつくると，

$$\begin{cases} x+y= \boxed{エ} \\ \boxed{オ}\,x+\boxed{カ}\,y=\boxed{キ} \end{cases}$$

となる。これを解くと，$x=\boxed{ク}$，$y=\boxed{ケ}$ である。

7 1次関数のグラフと式

StepA ＞ StepB ＞ StepC

解答▶別冊24ページ

重要 **1** 次の問いに答えなさい。

(1) 切片が8で，点(−6, 4)を通る直線の式を求めなさい。

(2) y は x の1次関数であり，変化の割合が −2 で，そのグラフが点(3, 4)を通るとき，y を x の式で表しなさい。

(3) x の増加量が2のとき y の増加量が −1 で，$x=0$ のとき $y=1$ である1次関数の式を求めなさい。

(4) y は x の1次関数で，そのグラフが2点(4, 3)，(−2, 0)を通るとき，この1次関数の式を求めなさい。

(5) 直線 $y=-3x+2$ に平行で，点(1, −4)を通る直線の式を求めなさい。　　　　〔群　馬〕

2 右の図の直線(1)〜(4)の式を求めなさい。

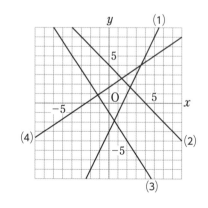

3 右の表は，ある 1 次関数について，x の値と y の値の関係を示したものである。表の □ にあてはまる数を書きなさい。　〔北海道〕

x	$\cdots$	-1	0	1	2	3	$\cdots$
y	$\cdots$	-2	1	4	7	☐	$\cdots$

4 次の問いに答えなさい。

(1) 関数 $y=2x+1$ について，x の変域が $1 \leqq x \leqq 4$ のとき，y の変域を求めなさい。　〔北海道〕

(2) $a>0$ のとき，1 次関数 $y=ax+b$ において，x の変域が $3 \leqq x \leqq 4$，y の変域が $5 \leqq y \leqq 8$ となるような定数 a，b の値を求めなさい。

5 次の問いに答えなさい。

(1) 点 $(4,\ 1)$ を通り，傾きが $\dfrac{1}{2}$ である直線と x 軸との交点の座標を求めなさい。　〔岡　山〕

(2) 1 次関数 $y=-\dfrac{1}{2}x+2$ のグラフと 1 次関数 $y=3x+9$ のグラフの交点の座標を求めなさい。

〔高　知〕

(3) 直線 $x-2y+6=0$ に平行で，点 $(6,\ 0)$ を通る直線と y 軸との交点の座標を求めなさい。

〔明治学院高〕

✔ チェックポイント

① 1 次関数…x と y の関係が，$y=ax+b\ (a,\ b$ は定数で，$a \neq 0)$ の形で表される。

② 1 次関数 $y=ax+b$ では，変化の割合は一定で，a に等しい。

$$\text{変化の割合} = \frac{y \text{の増加量}}{x \text{の増加量}} = a$$

③ 1 次関数 $y=ax+b$ のグラフ
・傾きが a，切片が b の直線である。
・$a>0$ のとき右上がり，$a<0$ のとき右下がりの直線になる。

Step **A**　Step **B**　Step **C**

●時　間 30分	●得　点
●合格点 80点	点

解答▶別冊25ページ

1 1次関数 $y = ax + b$(a, b は定数)のグラフが右の図のようになる
とき，次の**ア〜エ**の式のうち，その値がつねに正の数となるのは
どれですか。1つ選び，記号で答えなさい。(8点)　　　〔熊　本〕

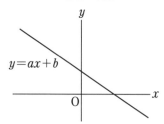

$y = ax + b$

ア $a + b$　　**イ** $a - b$

ウ $b - a$　　**エ** ab

重要 **2** 次の問いに答えなさい。(8点×5)

(1) $a < 0$ のとき，1次関数 $y = ax + b$ において，x の変域が $1 \leqq x \leqq 3$，y の変域が $0 \leqq y \leqq 1$
となるような定数 a, b の値を求めなさい。　　　　　　　　　　　　　　　　〔中央大附高〕

(2) x の値が -2 から 3 まで増加するとき，y の増加量は -15 であり，$x = 2$ のとき $y = -1$ とな
る1次関数において，$y = 17$ となる x の値を求めなさい。　　　　　　　　　　　〔筑波大附高〕

(3) 直線 $6x - y = 10$ と x 軸との交点を P とする。直線 $ax - 2y = 15$ が点 P を通るとき，a の値
を求めなさい。　　　　　　　　　　　　　　　　　　　　　　　　　　　　　　　　〔徳　島〕

(4) 3点 $(-1, 2)$，$(1, 6)$，$(4, k)$ が一直線上にあるとき，k の値を求めなさい。

(5) 3直線 $y = 3x + 10$，$y = -\dfrac{1}{2}x + 3$，$y = ax - 4$ が1点で交わるとき，定数 a の値を求めなさい。

〔法政大国際高〕

1年の復習

第1章

第2章

第3章

第4章

第5章

第6章

総合実力テスト

要 **3** 3つの直線 $y = x + 4$……①, $y = -2x - 8$……②, $y = ax + 7$……③について,次の問いに答えなさい。(8点×2)

(1) 直線①,②の交点の座標を求めなさい。

(2) 3つの直線①,②,③で三角形ができないような a の値をすべて求めなさい。

4 次の問いに答えなさい。(8点×2)

(1) 2点 A(2, 1),B(1, 3)がある。直線 $y = ax + 2$ が線分 AB と共有点をもつとき,a の値の範囲を求めなさい。〔法政大高〕

(2) 座標平面で,点 A(−3, 5)を通る直線を $y = mx + n$ とする。この直線が2点 B(−5, 2),C(6, −1)を結ぶ線分(両端をふくむ)と共有点をもつとき,m のとり得る値の範囲を求めなさい。〔白陵高〕

5 右の図のように,x の1次関数 $y = ax + \dfrac{7}{5}$ のグラフが点(1, 2)を通っている。このとき,次の問いに答えなさい。(10点×2)

〔岩　手〕

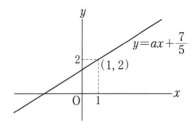

(1) a の値を求めなさい。

(2) x の変域を $1 \leqq x \leqq 100$ としたとき,点(1, 2)のように x 座標,y 座標がともに整数である点は,このグラフ上に全部で何個ありますか。

1次関数のグラフと図形 ①

Step **A** 〉 Step **B** 〉 Step **C**

解答▶別冊26ページ

1 右の図で，直線①は2点 A$(-4, 0)$，B$(0, 6)$ を通る直線で，
直線②の式は $y = -\dfrac{1}{2}x - 4$ である。

(1) 直線①の式を求めなさい。

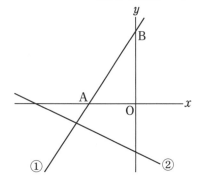

(2) 直線①と直線②の交点の座標を求めなさい。

(3) 2直線①，②と y 軸とで囲まれる三角形の面積を求めなさい。

2 右の図のように，2直線 $y = -x + 6$ と $y = bx - 3$ が点 A$(3, a)$
で交わっている。　　　　　　　　　　　　　〔常翔学園高〕

(1) a の値を求めなさい。

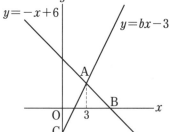

(2) 三角形 ABC の面積を求めなさい。

(3) 点Cを通り，三角形 ABC の面積を2等分する直線の式を求めなさい。

3 右の図のように，直線 $y = ax - 1$ ……① と $y = -x + 8$ ……② がある。直線①，②と y 軸との交点をそれぞれ A，B とし，直線①，②の交点を P とする。点 P の x 座標が 3 であるとき，次の問いに答えなさい。

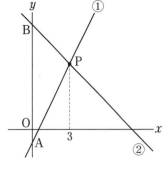

(1) a の値を求めなさい。

(2) 線分 PA，PB とそれぞれ点 C，D で交わる直線を $x = k$ とする。このとき，CD $= 3$ となるような k の値を求めなさい。

4 右の図で，直線①は $y = 2x - 3$，直線②は $y = -x + 12$ のグラフである。直線①，②の交点を A とし，直線①，②と x 軸で囲まれる三角形の内部に，図のように長方形 PQRS をつくる。

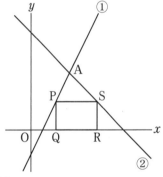

(1) 点 A の座標を求めなさい。

(2) 点 P の x 座標を p とするとき，点 S の座標を p を用いて表しなさい。

(3) 四角形 PQRS が正方形になるとき，点 P の座標を求めなさい。

✓ **チェックポイント**

① 直線 $y = ax + b$ と直線 $y = cx + d$ の交点の x 座標は，方程式 $ax + b = cx + d$ の解である。

② 三角形の 1 つの頂点と，それに向かいあった辺の中点を通る直線は，三角形の面積を 2 等分する。

③ 2 点 (a, b)，(c, d) を結ぶ線分の中点の座標は，$\left(\dfrac{a+c}{2}, \dfrac{b+d}{2} \right)$ である。

1 右の図の3つの直線 ℓ, m, n は, $y = -\dfrac{1}{a}x + \dfrac{b}{a}$……**ア**,
$y = -ax + b$……**イ**, $y = 3ax + 2b - 1$……**ウ**
のいずれかを表している。(8点×3)

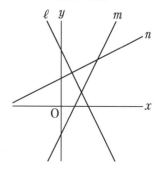

(1) 直線 ℓ を表す式は, **ア**, **イ**, **ウ**のうちどれですか。

(2) 直線 ℓ と n の交点の座標が(1, 3)であるとき, a, b の値を求めなさい。

(3) (2)のとき, 直線 ℓ と n と x 軸によって囲まれる三角形の面積を求めなさい。

重要 **2** 右の図で, 直線 ℓ の式は $y = \dfrac{4}{5}x + b$, 直線 m の式は
$y = -x + 6$ である。点 A$(a, 4)$ において, 2直線 ℓ, m が交わっている。また, 2直線 ℓ, m と x 軸との交点をそれぞれ B, C
とする。(7点×4)　　　　　　　　　　　　　　〔江戸川学園取手高〕

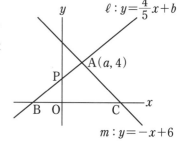

(1) 定数 a の値を求めなさい。

(2) 定数 b の値を求めなさい。

(3) 点 A を通り, △ABC の面積を2等分する直線の式を求めなさい。

(4) 直線 ℓ と y 軸との交点を P とする。また, x 軸上の2点 B, C の間に点 Q をとる。△ABC と △PQB の面積の比が25：9であるとき, 直線 PQ の式を求めなさい。

3 3つの直線，$-2x+y=1$，$3x-y=3$，$x+y=1$ で囲まれた三角形の面積を求めなさい。（8点）

〔國學院大久我山高〕

4 右の図のように，2直線 $y=\dfrac{1}{2}x+4$……①，$y=-x+12$……②がある。直線①上に点 A，x軸上に点 B，C，直線②上に点 D をとり，長方形 ABCD をつくる。点 A の x 座標を a として，次の問いに答えなさい。（8点×3）

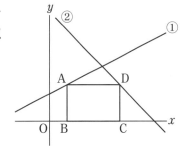

(1) 点 D の座標を a を使って表しなさい。

(2) AB：AD＝2：3となるような a の値を求めなさい。

(3) 長方形 ABCD の周の長さが 22 になるような a の値を求めなさい。

5 座標平面上に4点 A，B，C，D があり，点 B$(-2,\ -3)$，点 D$(4,\ 5)$，点 C の x 座標が2であるとき，次の問いに答えなさい。（8点×2）

〔常翔学園高〕

(1) 直線 BC の傾きが $\dfrac{1}{3}$ のとき，点 C の y 座標を求めなさい。

(2) (1)のとき，四角形 ABCD が平行四辺形になるように，点 A の座標を求めなさい。

9　1次関数のグラフと図形 ②

Step **A** ＞ Step **B** ＞ Step **C**

解答▶別冊28ページ

1 右の図の△ABCの面積を，原点を通る直線ℓで2等分した。
直線ℓの傾きを求めなさい。　〔國學院大久我山高〕

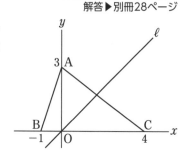

重要 **2** 右の図のように，2点A(4，−4)，B(10，6)がある。y軸上に点Pを，
AP＋BPが最小になるようにとるとき，点Pのy座標を求めなさい。

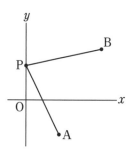

重要 **3** 長方形ABCDの辺ABはx軸上にあり，点Dは直線y＝x，点C
は直線y＝−x＋3上にある。　〔駿台甲府高〕

(1) この2直線の交点のx座標を求めなさい。

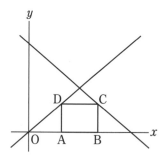

(2) 点Aのx座標が1のとき，長方形ABCDの面積を求めなさい。

(3) 原点を通り，(2)の長方形の面積を2等分する直線の式を求めなさい。

4 右の図のように，3つの直線

$$y = -x + 13 \cdots\cdots ①$$
$$y = \frac{1}{2}x + 7 \cdots\cdots ②$$
$$y = -3x \cdots\cdots ③$$

があり，①と x 軸の交点を A，①と②の交点を B，②と③の
交点を C とする。

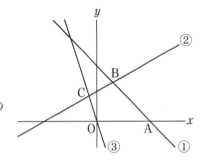

(1) 点 B，C の座標を求めなさい。

(2) 四角形 OABC の面積を求めなさい。

(3) 点 B を通り，四角形 OABC の面積を 2 等分する直線の式を求めなさい。

5 右の図において，A(5, 1)，C(2, 4) であり，四角形 OABC は
平行四辺形である。

(1) 点 B の座標を求めなさい。

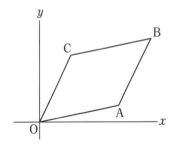

(2) 傾き -2 の直線が平行四辺形 OABC の面積を 2 等分するとき，その直線の式を求めなさい。

✓**チェックポイント**

・右の図で，AP＋BP が最小となる直線上の点 P は，直線について対称な点
を利用して求めることができる。

　AP＋BP＝A′P＋BP

・長方形や平行四辺形のような点対称な四角形は，2 本の対角線の交点を通る
直線によって 2 等分される。

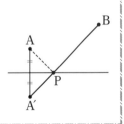

Step A　Step B　Step C

1 右の図のように，2点 P(1, 5)，Q(3, 1)がある。y 軸上に点 A，x 軸上に点 B をとり，PA＋AB＋BQ の長さが最短になるようにしたとき，直線 AB の式を求めなさい。(10点)　〔明治大付属明治高〕

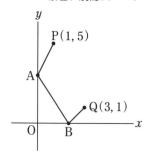

2 右の図のように，4点 O(0, 0)，A(6, 0)，B(6, 4)，C(0, 4)を頂点とする長方形 OABC があり，点 P(3, 7)を通る直線と辺 BC，OA との交点をそれぞれ D，E とする。四角形 OEDC と四角形 EABD との面積比が1：3のとき，直線の式を求めなさい。(10点)　〔明治大付属明治高〕

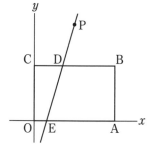

3 右の図のように，直線 $y＝\dfrac{1}{3}x＋6$ 上に点 A を，x 軸上に点 B，C をとり，正方形 ABCD をつくる。また，AC と BD の交点を P とする。点 A が直線上の $x \geqq 0$ の部分を動くとき，点 B，C，D，P もそれに応じて動くものとする。(10点×2)

(1) 点 A の x 座標を $a(a \geqq 0)$ とするとき，点 P の座標を a を使って表しなさい。

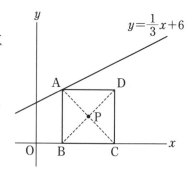

(2) 点 A が直線上の $x \geqq 0$ の部分を動くとき，点 P はある直線上を動く。その直線の式を求めなさい。

4 右の図のように，座標平面上の 4 点 O(0, 0)，A(0, 3)，B(−4, 6)，C(−4, 0)を頂点とする四角形 OABC がある。四角形 OABC を y 軸を軸として回転させてできる立体の体積を V_1，x 軸を軸として回転させてできる立体の体積を V_2 とする。(12点×2)

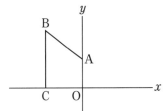

〔東海大付属浦安高〕

(1) V_1 を求めなさい。

(2) $V_1 : V_2$ を最も簡単な整数比で表しなさい。

5 右の図のような，O(0, 0)，A(2, 0)，B(2, 5)，C(0, 5)を頂点とする長方形 OABC がある。点 P(−1, 1)を通る直線 ℓ が辺 OC，AB と交わる点をそれぞれ Q，R とする。(12点×2)　〔立教新座高〕

(1) 点 Q の y 座標を a とするとき，点 R の y 座標を a を用いて表しなさい。

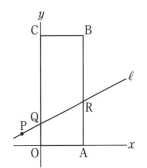

(2) 直線 ℓ が四角形 OARQ と四角形 QRBC の面積の比を 1：3 に分けるとき，直線 ℓ の式を求めなさい。

6 右の図で，O は原点，A，B はそれぞれ 1 次関数 $y = -\frac{1}{3}x + b$(b は定数)のグラフと x 軸，y 軸との交点である。△BOA の内部で，x 座標，y 座標がともに自然数となる点が 2 個であるとき，b のとることができる値の範囲を，不等号を使って表しなさい。ただし，三角形の周上の点は内部にふくまないものとする。(12点)　〔愛 知〕

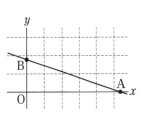

10 1次関数の利用

Step A 〉 Step B 〉 Step C

解答▶別冊31ページ

重要 1 ある電力会社では，一般家庭用の1か月あたりの電気料金のプランを，下の2つのプラン A，B から選ぶことができる。1か月あたりの電気使用量を x kWh，電気料金を y 円とするとき，次の(1)～(3)の問いに答えなさい。ただし，電気料金は，基本料金と使用料金を合わせた料金とする。

〔新 潟〕

プランA	プランB
基本料金は1400円で，使用料金は1kWhあたり26円。	基本料金は2000円で，使用料金は次のとおり。 ・120kWhまでは1kWhあたり20円 ・120kWhを超えた分は，300kWhまで1kWhあたり24円 ・300kWhを超えた分は，1kWhあたり27円

(1) プラン A について，y を x の式で表しなさい。

(2) プラン B について，次の①～③の問いに答えなさい。
  ① $0 \leqq x \leqq 120$ のとき，y を x の式で表しなさい。

  ② $120 < x \leqq 300$ のとき，y を x の式で表しなさい。

  ③ $x > 300$ のとき，y を x の式で表しなさい。

(3) プラン A とプラン B の，1か月あたりの電気料金が等しくなるのは，1か月あたりの電気使用量が何 kWh のときですか。すべて求めなさい。

要 **2** 学校から公園までの 1400m の真っ直ぐな道を通り，学校と公園を走って往復する時間を計ることにした。A さんは学校を出発してから 8 分後に公園に到着し，公園に到着後は速さを変えて走って戻ったところ，学校を出発してから 22 分後に学校に到着した。ただし，A さんの走る速さは，公園に到着する前と後でそれぞれ一定であった。

〔岐 阜〕

(1) A さんが学校を出発してから x 分後の，学校から A さんまでの距離を ym とすると，x と y との関係は右の表のようになった。

x(分)	0	…	2	…	8	…	10	…	22
y(m)	0	…	ア	…	1400	…	イ	…	0

① 表中のア，イにあてはまる数を求めなさい。

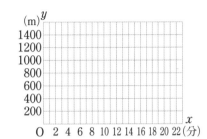

② x と y の関係を表すグラフをかきなさい。$(0 \leqq x \leqq 22)$

③ x の変域を $8 \leqq x \leqq 22$ とするとき，x と y との関係を式で表しなさい。

(2) B さんは A さんが学校を出発してから 2 分後に学校を出発し，A さんと同じ道を通って公園まで行き，学校に戻った。このとき，B さんは学校を出発してから 8 分後に，公園から戻ってきた A さんとすれ違った。B さんは A さんとすれ違った後，すれ違う前より 1 分あたり 10m 速く走り，A さんに追いついた。ただし，B さんの走る速さは，A さんとすれ違う前と後でそれぞれ一定であった。

① A さんとすれ違った後の B さんの走る速さは，分速何 m であるかを求めなさい。

② B さんが A さんに追いついたのは，A さんが学校を出発してから何分何秒後であるかを求めなさい。

✓ **チェックポイント**

① 直線ごとに通る点の座標を求めて，それぞれの変域におけるグラフの式を求める。

② 速さのグラフでは，直線の傾き（の絶対値）が速さを表す。

重要 **1** 右の図の四角形 ABCD は，辺 AB が 5cm，辺 BC が 6cm の長方形である。この長方形の辺上を 2 点 P，Q が次のように動く。

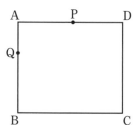

点 P…1 秒間に 2cm の速さで点 A から点 D を通って点 C まで行き，点 C に到着したらすぐに同じ速さで引き返し点 D を通って点 A に戻る。

点 Q…1 秒間に 1cm の速さで点 A から点 B を通って点 C まで行く。

2 点が同時に点 A を出発してから x 秒後の△APC，△AQC の面積について，次の問いに答えなさい。ただし，$0 < x < 11$ とし，三角形ができないときの面積は $0cm^2$ とする。

〔初芝富田林高〕

(1) $x = 4$ のとき，△APC の面積を求めなさい。(10点)

(2) 次のそれぞれの場合の△APC の面積を x の式で表しなさい。(5点×2)
　① $0 < x \leqq 3$ のとき

　② $\dfrac{11}{2} \leqq x \leqq 8$ のとき

(3) 点 P が点 A を出発して再び点 A に戻るまでの間で，△APC の面積と△AQC の面積が等しくなるような x の値をすべて求めなさい。(10点)

2 和夫さんは，本を返却するために，家から 1800m 離れた図書館へ行った。和夫さんは，午後 4 時に家を出発し，毎分 180m の速さで 5 分間走った後，毎分 90m の速さで 10 分間歩いて，図書館に到着した。その後，本を返却して，しばらくたってから，図書館を出発し，家へ毎分 100m の速さで歩いて帰ったところ，午後 4 時 45 分に到着した。右の図は，午後 4 時 x 分における家からの道のりを ym として，x と y の関係をグラフに表したものである。(10点×4)

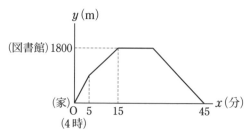

〔和歌山〕

(1) 和夫さんは，午後 4 時 3 分に郵便局の前を通った。家から郵便局までの道のりを求めなさい。

(2) 和夫さんが図書館へ行く途中で，歩き始めてから図書館に着くまでの x と y の関係を式で表しなさい。ただし，x の変域を求める必要はない。

(3) 和夫さんが図書館にいた時間は何分間か，求めなさい。

(4) 妹の美紀さんは，午後 4 時 18 分に家を出発し，和夫さんと同じ道を通り，図書館へ一定の速さで向かったところ，午後 4 時 33 分に和夫さんと出会った。美紀さんが図書館へ向かったときの速さは毎分何 m か，求めなさい。

3 妹は午前 8 時に家を出発し，ある一定の速さで 1800 m 離れた駅へ向かった。兄はその後遅れて家を出発し，妹と同じ道を通って分速 90 m の速さで駅へ向かった。兄は妹に追いつこうと，途中にある本屋からは分速 150 m の速さで進んだ。妹に追いついてからは妹の速さに合わせて進み，午前 8 時 30 分に兄妹そろって駅に到着した。右の図は，妹が出発してからの時間と兄妹間の道のりの関係を示している。(10点×3)

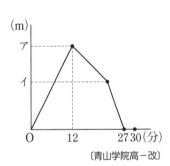

〔青山学院高－改〕

(1) 図のアの値を求めなさい。

(2) 図のイの値を求めなさい。

(3) 家から本屋までの道のりを求めなさい。

Step **A** 〉 Step **B** 〉 Step **C**-①

● 時　間　40分	● 得　点
● 合格点 70点	点

解答 ▶ 別冊33ページ

1 関数 $y = -2x + a$ において，x の変域が $-4 \leqq x \leqq b$ のとき，y の変域が $-2 \leqq y \leqq 10$ である。a，b の値を求めなさい。(10点)　　　　　　　　　　　　　　〔國學院大久我山高〕

2 右の図において，四角形 ABCD は △OPQ に内接する正方形です。点 P(5，0)，点 Q(3，6) とするとき，正方形の1辺の長さを求めなさい。(10点)　　　　　　　　　　　　　〔中央大杉並高〕

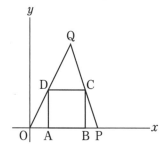

3 右の図のように，4点 O(0，0)，A(8，0)，B(8，6)，C(0，8) を頂点とする台形 OABC があり，点 P は x 軸上の $x > 8$ の部分を動く点である。線分 AB と線分 CP の交点を Q とする。(10点×3)

(1) 点 P の座標が (12，0) のとき，点 Q の座標を求めなさい。

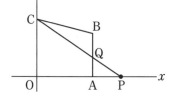

(2) △CQB の面積が台形 OABC の面積の $\dfrac{1}{4}$ になるとき，点 P の座標を求めなさい。

(3) △CQB と △APQ の面積が等しくなるとき，点 P の座標を求めなさい。

4 右の図において，点 A，B，C はそれぞれ A(2, 1)，B(−4, −2)，C(4, −6) である。このとき，原点 O を通り，△ABC の面積を 2 等分する直線の式を求めなさい。(10点)　〔山 梨〕

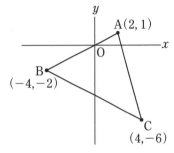

5 下の表は，ある電話会社の月額の料金プランである。1 か月の通話時間を x 分，その月の電話料金を y 円として，次の問いに答えなさい。ただし，1 分未満の通話時間は切り上げるものとし，x は整数とする。また，電話料金は基本料金と通話料金の合計とする。(10点×4)　〔青山学院高〕

料金プラン	基本料金	通話料金		
		60 分までの時間[※]	60 分を超えて120 分までの時間[※]	120 分を超えた時間[※]
A	500 円	1 分あたり 30 円		
B	2000 円	0 円	60 分を超えた分につき，1 分あたり 20 円	
C		0 円		120 分を超えた分につき，1 分あたり 10 円

※1 か月合計の通話時間

(1) A プランについて，y を x の式で表しなさい。

(2) A プランと B プランの月額の料金が同額となるときの x の値を求めなさい。

(3) (2) で求めた通話時間 x 分からしばらくは，B プランの料金が最も安く，x 分から 90 分後に，B プランと C プランの料金は同額になる。C プランの月額の基本料金は何円ですか。

(4) 1 年間の電話料金を A，B 両プランで比べてみる。月々の通話時間を，長い月は 75 分，それ以外を 45 分とするとき，A，B 両プランの 1 年間の電話料金が同額になるのは，75 分の月が何回のときですか。

月　　日

Step A 〉 Step B 〉 Step C-②

●時 間 40分　●得 点
●合格点 70点　　　　点

解答▶別冊34ページ

1 右の図で，A(-6，-2)，B(-2，-2)，C(8，4)，D(8，8)とし，線分AB，線分CD(ともに，<ruby>両端<rt>りょうたん</rt></ruby>の点もふくむ)の両方と交わる直線 ℓ の式を $y = mx + n$ とする。(10点×2)

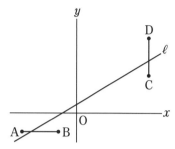

(1) m の値の<ruby>範囲<rt>はんい</rt></ruby>を不等号を使って表しなさい。

(2) $2m + n$ の値の範囲を不等号を使って表しなさい。

2 右の図1のように，AB=8cm，∠ABC=90°，∠BCD=90°の四角形 ABCD がある。点Pは頂点Aを出発し，一定の速さで辺AB，BC，CD 上を通って，頂点Dまで移動する。このとき点Pは<ruby>途中<rt>とちゅう</rt></ruby>で止まることなく移動するものとする。点Pが頂点Aを出発してから x 秒後の3点A，P，Dを結んでできる△APDの面積を y cm² とする。右の図2は，x と y の関係をグラフに表したものである。このとき次の(1)～(4)の問いに答えなさい。ただし，点Pが頂点A，Dにあるときは，$y = 0$ とする。(10点×4)

〔新 潟〕

(図1)

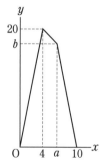

(図2)

(1) 点Pが移動する速さは毎秒何cmか，答えなさい。

(2) 図1の辺BCと辺CDの長さを，それぞれ求めなさい。

(3) 図2のグラフ中の a の値と b の値をそれぞれ答えなさい。

(4) 点Pが辺BC上にあるとき，△ABPと△APDの面積が等しくなるのは，点Pが頂点Aを出発してから何秒後か，求めなさい。

3 右の図において，直線①は $y = \dfrac{2}{3}x + 4$，直線②は $y = \dfrac{1}{3}x$ のグラフである。点Pは直線①上の $x > 0$ の部分を動く点，点Rは直線②上の $x > 0$ の部分を動く点で，四角形PQRSはこの順に正方形の頂点になっている。また，点Rの x 座標は点Pの x 座標よりも大きく，PQ$/\!/y$軸，QR$/\!/x$軸である。

(10点×4)

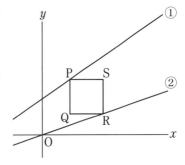

(1) 点Pの x 座標が3のとき，点Rの座標を求めなさい。

(2) 正方形PQRSの1辺の長さが4のとき，点Pの座標を求めなさい。

(3) 点Pの x 座標を p とするとき，点Sの座標を p を使って表しなさい。

(4) 点Pが直線①上を動くとき，点Sはある直線上を動く。その直線の式を求めなさい。

11 図形と角度

Step A 〉 Step B 〉 Step C

解答▶別冊35ページ

重要 **1** 次の図で，ℓ∥m のとき，∠x の大きさを求めなさい。

(1)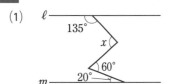

〔東京電機大高〕

(2)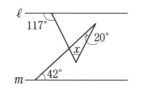

〔国立高専〕

(3)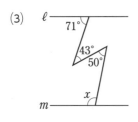

(4)

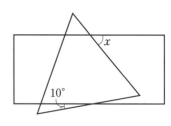 ※

（五角形 ABCDE は正五角形）　　〔青　森〕

2 次の問いに答えなさい。

(1) 右の図のように，長方形と正三角形を重ねたとき，∠x の大きさ
を求めなさい。　　　　　　　　　　　　　　　　　〔佐　賀〕

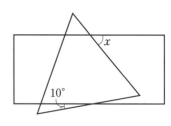

重要 (2) 長方形の紙テープを右の図のように折ったとき，∠x の大きさ
を求めなさい。

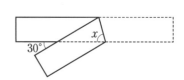

3 次の問いに答えなさい。

重要 (1) 右の図のように，△ABC の∠B，∠C の二等分線の交点を D とする。
∠A＝50° のとき，△BCD の内角∠BDC の大きさを求めなさい。

〔大手前高松高〕

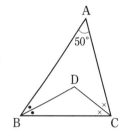

(2) 右の図の四角形 ABCD で，∠B の二等分線と∠D の二等分線とが点
E で交わっている。∠A＝150°，∠C＝80° のとき，∠x の大きさを求
めなさい。

〔東　京〕

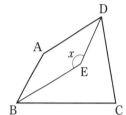

(3) 右の図のように，正五角形 ABCDE の頂点 A，B，D が，それぞれ，
正三角形 PQR の辺 PQ，QR，RP 上にある。∠PDE＝40° のとき，
∠CBR の大きさを求めなさい。

〔和歌山〕

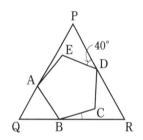

要 **4** 次の問いに答えなさい。

(1) 九角形の内角の和は何度ですか。

(2) 1つの内角の大きさが 162° である正多角形は，正何角形ですか。

✅ **チェックポイント**

① 平行線の同位角と錯角

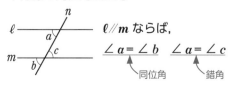

$\ell /\!/ m$ ならば，

∠a＝∠b　∠a＝∠c

同位角　　錯角

② 三角形の内角と外角

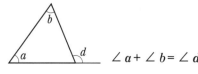

∠a＋∠b＝∠d

③ n 角形の内角の和は $180° \times (n-2)$，外角の和は（何角形であっても）360° である。

Step A 〉 Step B 〉 Step C

●時　間 35分 　●得　点
●合格点 80点 　　　　点

解答▶別冊36ページ

1 次の問いに答えなさい。(8点×4)

(1) 右の図は∠A＝66°の三角形である。図のように，∠B，∠Cをそれ
ぞれ3等分する直線の交点をDとする。このとき，∠BDCの大きさ
を求めなさい。　　　　　〔玉川学園高〕

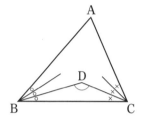

(2) 右の図で，△ABCはAB＝BCの二等辺三角形である。また，D，E，
Fはそれぞれ辺AB，BC，AC上の点であり，△DEFは正三角形で，
DF∥BCである。
　　∠DBE＝36°のとき，∠EFCの大きさを求めなさい。　　〔愛　知〕

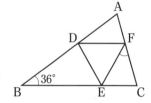

(3) 右の図のように，∠EAF＝80°，∠EBD＝∠DBC，∠FCD＝
∠DCBのとき，∠xの大きさを求めなさい。　　〔日本大習志野高〕

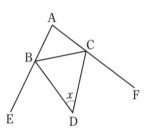

(4) 右の図の三角形ABCにおいて，∠BAC＝120°
で，CA＝AP＝PQ＝QR＝RBである。このと
き，∠ABCの大きさを求めなさい。

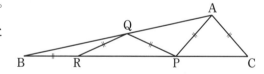

2 次の図で，印をつけた角の和を求めなさい。(8点×3)

(1)

(2)

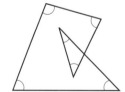

(3)

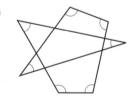

3 n 角形の内角の和について，次の問いに答えなさい。(10点×2)

(1) 五角形の内角の和を求めるために，右の図のように，五角形の内部に点 P をとり，5 つの三角形に分けました。三角形の内角の和は 180° であることはわかっているものとして，この図を使って五角形の内角の和を求めなさい。ただし，答えだけでなく，途中の式や考え方も書くこと。

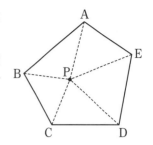

(2) n 角形の内部に点 P をとり，n 個の三角形に分けることによって，n 角形の内角の和が 180° × $(n-2)$ になることを示しなさい。

4 次の問いに答えなさい。(8点×3)

(1) 右の図において，$x-y$，$a+b$ の値を求めなさい。ただし，$\ell /\!/ m$ とする。

〔修道高〕

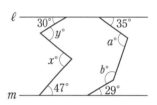

(2) 右の図において，直線 ℓ と直線 m は平行で，2 つの四角形は正方形である。∠x の大きさを求めなさい。

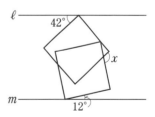

(3) 右の図において，六角形 ABCDEF は正六角形である。∠x の大きさを求めなさい。

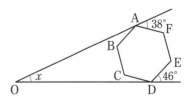

12 合 同 と 証 明 ①

Step A ＞ Step B ＞ Step C

解答▶別冊38ページ

重要 **1** 次の図の中から，合同な三角形を3組見つけ，記号≡を用いて表しなさい。また，そのときに用いた合同条件をいいなさい。

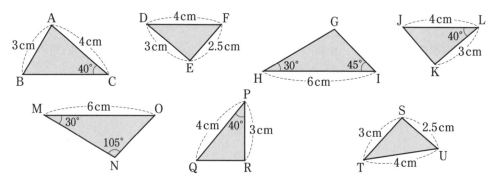

2 右の図において，四角形ABCDは正方形で，BE＝CFである。このとき，△ABEと△BCFは合同であることを証明しなさい。

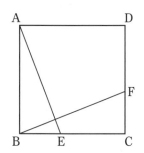

3 右の図において，AB∥CD，AO＝COである。
このとき，△ABOと△CDOは合同であることを証明しなさい。

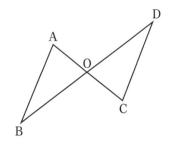

4 右の図のように，正三角形 ABC において辺 AC 上に点 D をとり，AE∥BC，AD＝AE となるように点 E をとる。
∠ABD＝∠ACE であることを証明しなさい。 〔栃木－改〕

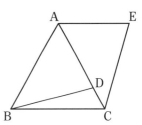

5 右の図において，△ABC，△ECD は正三角形であり，3 点 B，C，D は一直線上にある。このとき，△ACD と△BCE は合同であることを証明しなさい。

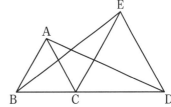

6 右の図は，定規とコンパスを用いて∠XOY の二等分線を作図したものである。この作図が正しいことを，三角形の合同を使って証明しなさい。

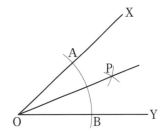

✓**チェックポイント**

① 三角形の合同条件

　[1] 3 組の辺がそれぞれ等しい。

　[2] 2 組の辺とその間の角がそれぞれ等しい。

　[3] 1 組の辺とその両端の角がそれぞれ等しい。の 3 つである。

② 合同を証明するときは，まず，等しい辺が何組あるかをチェックしよう。

Step A ▶ Step B ▶ Step C

●時　間 35分　●得　点

●合格点 70点　　　　点

解答▶別冊38ページ

1 右の図において，△PAB ≡ △QAB である。このとき，
PQ⊥AB であることを，三角形の合同を使って証明しなさい。

(20点)

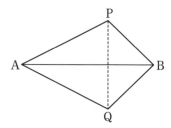

重要 **2** 右の図において，△ABC，△ADE は正三角形で，△ADE の
頂点 E は辺 BC 上にある。このとき，次の(1)，(2) を証明しなさい。

(10点×2)

(1) △ADB ≡ △AEC

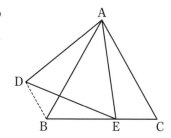

(2) DB∥AC

3 右の図において，四角形 ABCD，GCEF は正方形である。線
分 BG と直線 ED の交点を H とするとき，BG⊥EH であるこ
とを証明しなさい。(20点)

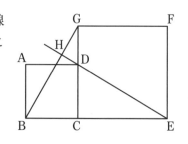

4 右の図において，四角形 ABCD は AD∥BC の台形である。辺 AD，BC の中点をそれぞれ M，N とし，線分 MN の中点を O とする。また，A と O を通る直線が辺 BC と交わる点を E とする。（10点×2）

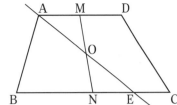

(1) △AOM ≡ △EON であることを証明しなさい。

(2) 直線 AE は台形 ABCD の面積を 2 等分することを証明しなさい。

5 右の図において，四角形 ABCD，四角形 OPQR は正方形で，O は AC と BD の交点である。OP と BC の交点を E，OR と CD の交点を F とする。（10点×2）

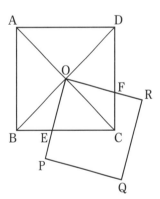

(1) △OBE ≡ △OCF であることを証明しなさい。

(2) CE＝5cm，CF＝3cm のとき，四角形 OECF の面積を求めなさい。

13 合同と証明②

Step A 〉 Step B 〉 Step C

解答▶別冊39ページ

1 右の図で，四角形 ABCD は正方形，E，F はそれぞれ辺 AB，BC 上の点で，AE＝FC である。

(1) △AED≡△CFD を証明しなさい。

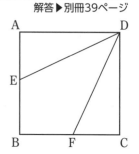

(2) ∠AED＝65°のとき，∠EDF の大きさを求めなさい。

重要 2 右の図のように，直角三角形 ABC の辺 AB，AC をそれぞれ 1 辺とする正方形 ABED，ACFG をつくり，D から GA の延長に垂線 DH をひく。

(1) △ADH≡△ABC を証明しなさい。

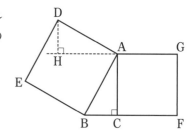

(2) △ABC の面積が 9cm² のとき，△AGD の面積を求めなさい。

要 3 右の図は，長方形 ABCD を対角線 BD を折り目として折り返した
もので，点 E は頂点 C が移った点である。AD と BE の交点を F と
するとき，△ABF ≡ △EDF であることを証明しなさい。

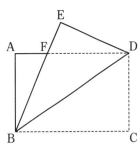

4 ∠A > 60° である △ABC の 3 辺 AB，BC，AC をそれぞれ 1 辺と
する正三角形 DBA，EBC，FAC を，それぞれ辺 BC について A と
同じ側につくる。このとき，△BED ≡ △ECF であることを証明
しなさい。

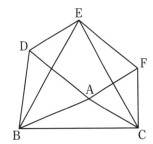

5 右の図は，正方形 ABCD の辺 AB，BC，CD，DA 上にそれぞれ点
P，Q，R，S を，PR⊥QS となるようにとったものである。このとき，
PR＝SQ となることを証明しなさい。

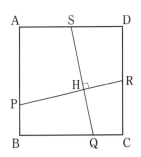

✔ チェックポイント

2 つの三角形が合同であることを証明することによって，
① 対応する辺が等しいこと
② 対応する角が等しいこと
③ 面積が等しいこと
が証明できる。

●時　間 35分	●得　点
●合格点 70点	点

解答▶別冊40ページ

1 右の図は，正方形 ABCD の辺 CD 上に点 E をとり，AE と BD の交点を F，AE の延長と BC の延長との交点を G としたものである。(10点×2)

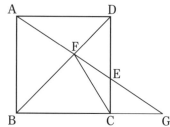

(1) △AFD ≡ △CFD を証明しなさい。

(2) ∠AGB＝28°のとき，∠BFC の大きさを求めなさい。

2 右の図のように，∠A＝90°，AB＝AC の直角二等辺三角形 ABC において，∠ABC の二等分線が辺 AC と交わる点を D とし，C から直線 BD にひいた垂線を CH とする。また，BA の延長と CH の延長との交点を E とする。(10点×2)

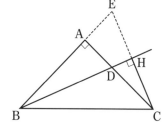

(1) △BCH ≡ △BEH を証明しなさい。

(2) BD＝2CH であることを証明しなさい。

要 **3** 右の図は，∠A＝90°，AB＝AC の直角二等辺三角形 ABC の頂点 A を
通る直線に，B，C からそれぞれ垂線 BD，CE をひいたものである。

（15点×2）

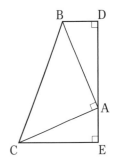

(1) △BAD ≡ △ACE を証明しなさい。

(2) DE＝10cm のとき，四角形 BCED の面積を求めなさい。

4 右の図のように，∠A＝60° である△ABC の∠B，∠C の二等分線
がそれぞれ辺 AC，AB と交わる点を D，E とし，BD と CE の交点
を P とする。さらに，∠BPC の二等分線が BC と交わる点を F と
する。（15点×2）

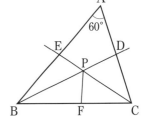

(1) △BPE ≡ △BPF を証明しなさい。

(2) △ABC の面積が 58cm²，△PBC の面積が 20cm² のとき，四角形 AEPD の面積を求めなさ
い。

月　　　日

| Step A | Step B | Step C-① |

●時　間 40分　●得　点
●合格点 70点　　　　　点

解答▶別冊41ページ

1 次の問いに答えなさい。(10点×4)

(1) 右の図において，∠x の大きさを求めなさい。ただし，$\ell /\!/ m$ とします。　〔東京電機大高〕

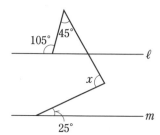

(2) 右の図のように，△ABC で BC を延長した直線上の点を E とする。∠B の二等分線と ∠ACE の二等分線の交点を D とするとき，∠x の大きさを求めなさい。　〔青　森〕

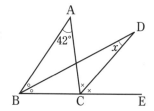

(3) 右の図において，∠a + ∠b + ∠c + ∠d + ∠e + ∠f + ∠g は何度ですか。　〔豊島岡女子学園高〕

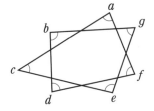

(4) ある正多角形の1つの内角の大きさと1つの外角の大きさの比は 13：2 である。この正多角形は正何角形ですか。

2 右の図で，同じ印のついた角の大きさが等しいものとするとき，∠AGD ＝ $\frac{1}{2}$(∠ABD ＋ ∠AFD) となることを証明しなさい。(10点)

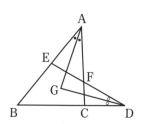

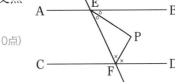

3 右の図で，AB∥CD である。∠BEF，∠DFE の二等分線の交点をP とするとき，∠EPF＝90°であることを証明しなさい。

(10点)

4 ひかるさんは右の図のように，∠XOY をかき，角の二等分線の作図の方法を次のように考えた。

〔ひかるさんが考えた作図の方法〕

(i) OA＝OB，OC＝OD となるように，OX 上に 2 点 A，C を，OY 上に 2 点 B，D をそれぞれとる。

(ii) AD，BC の交点をP とし，半直線 OP をひく。

この作図の方法で，半直線 OP が∠XOY を 2 等分することを証明しなさい。(10点)

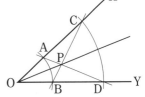

5 右の図のように，△ABC の辺 AB，AC をそれぞれ 1 辺とする正方形 ABDE，ACFG を△ABC の外側につくる。線分 EG の中点を M とし，AM の延長上に AM＝PM となる点 P をとる。また，直線 AM と辺 BC の交点を Q とする。

(15点×2)

(1) BC＝PA であることを証明しなさい。

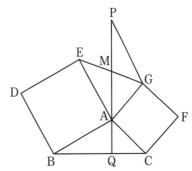

（難）(2) PQ⊥BC であることを証明しなさい。

Step A 〉 Step B 〉 Step C-②

●時 間 40分	●得 点
●合格点 70点	点

解答▶別冊43ページ

1 2つの四角形 ABCD と PQRS について，次のそれぞれ
の条件が成り立つとき，2つの四角形が合同であるといえ
るものには○，そうでないものには×と答えなさい。

(10点×3)

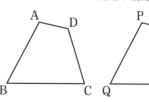

(1) AB＝PQ，BC＝QR，CD＝RS，DA＝SP，∠A＝∠P であるとき。

(2) ∠B＝∠Q，∠C＝∠R，AB＝PQ，BC＝QR，CD＝RS であるとき。

(3) ∠A＝∠P，∠B＝∠Q，AB＝PQ，BC＝QR，CD＝RS であるとき。

2 正三角形，正四角形，正 a 角形，正 b 角形の4つの図形を，1点のまわりにおたがいにすき間
なく，重なることもなく並べることができた。このとき，a と b の関係を式で表しなさい。

(10点) 〔大阪教育大附高(池田)〕

3 鋭角三角形 ABC の内部の点を P とする。いま，AB を1辺とする
正三角形 ABD を△ABC の外側につくり，BP を1辺とする正三角
形 BPP′ を△BCP の外側につくる。 (10点×2) 〔慶應義塾志木高〕

(1) PA＝4，PB＝2，PC＝3 であるとき，折れ線 CPP′D の長さを求め
なさい。

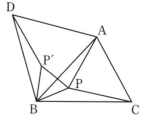

重要 (2) △ABC の内部に点 Q をとって，QA＋QB＋QC が最小となるとき，∠BQC，∠AQB の
大きさをそれぞれ求めなさい。

4 ∠A＝90°の直角三角形 ABC において，A から辺 BC にひいた垂線を AD，∠ABC の二等分線が線分 AD と交わる点を E とし，線分 DC 上に EF∥AC となる点 F をとる。このとき，△ABE≡△FBE であることを証明しなさい。(10点)

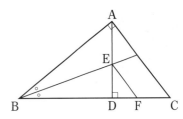

5 右の図のように，正三角形 ABC の頂点 A を通る直線上に点 D，E を，△BDE が正三角形になるようにとる。辺 AB と CD の交点を F とするとき，次の問いに答えなさい。

(10点×2)

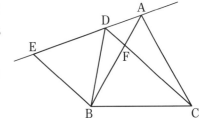

(1) △AEB≡△CDB であることを証明しなさい。

(2) △BDE の面積が 15cm²，△FBC の面積が 17cm² のとき，△ADF の面積を求めなさい。

6 右の図において，△ABC は正三角形，∠ADB＝∠ADC＝60°のとき，AD＝BD＋CD であることを証明しなさい。(10点)

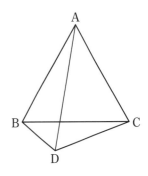

14 いろいろな三角形

Step A 〉 Step B 〉 Step C 〉

解答▶別冊44ページ

1 次のことがらの逆を書きなさい。また，それが正しい場合は○，正しくない場合は×を書きなさい。さらに，正しくない場合は反例を1つ示しなさい。

(1) △ABCにおいて，AB＝ACならば，∠B＝∠Cである。

(2) △ABC≡△DEFならば，∠A＝∠D，∠B＝∠E，∠C＝∠Fである。

(3) $a > 3$，$b > 3$ ならば，$ab > 9$ である。

重要 2 AB＝ACである二等辺三角形ABCにおいて，辺AB，AC上にそれぞれ点D，Eを，AD＝AEとなるようにとり，BEとCDの交点をFとするとき，次のことを証明しなさい。

(1) △DBC≡△ECB

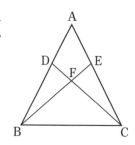

(2) △FBCは二等辺三角形である。

3 右の図の△ABCにおいて，ADは∠Aの二等分線，AB⊥DE，AC⊥DFである。このとき，DE＝DFを証明しなさい。

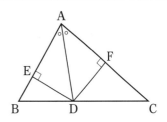

4 右の図で，∠A＝90°，AB＝ACである。点Aを通る直線ℓへ，B，Cから垂線BP，CQを図のようにひくと，BP－CQ＝PQである。これを証明しなさい。

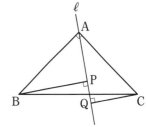

要 **5** AB＝AC，∠A＝90°である直角二等辺三角形の∠Bの二等分線が辺ACと交わる点をDとし，Dから辺BCに垂線DEをひく。このとき，AB＋AD＝BCとなることを証明しなさい。

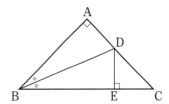

┌─ ✓チェックポイント ─────────────────────────────
│ ① 逆…あることがらの仮定と結論を入れかえたもの。
│ ② 反例…あることがらが成り立たない例。あることがらが正しくないことを示すには，反例を1つ
│   あげればよい。
│ ③ 直角三角形の合同条件
│   ① 斜辺と1つの鋭角がそれぞれ等しい。
│   ② 斜辺と他の1辺がそれぞれ等しい。
└───

●時 間　35分　　●得 点
●合格点　70点　　　　　　点

解答▶別冊45ページ

1 右の図のように，△ABC の辺 AC 上の点 D を通って BC に平行な直線をひき，これと∠ACB の二等分線，∠ACB の外角の二等分線の交点をそれぞれ E，F とする。このとき，DE＝DF であることを証明しなさい。(15点)　　〔茨 城〕

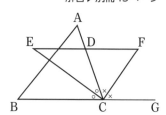

2 たけしさんは，兄さんから

> 二等辺三角形 ABC の底辺 BC 上の点 P から，AB，AC に垂線 PD，PE をひき，点 B から AC にひいた垂線を BF とすれば，P が底辺 BC(点 B，C は入れない)上にあるとき，線分 PE，PD，BF の長さの間に，
> 　　　　PE＋PD＝BF
> が成り立つことを証明しなさい。

という問題を出してもらったので，下のように考えた。文中の □ を正しくうめなさい。

(10点×3)　〔三 重〕

〔証明〕図1のように，EP を延ばした直線に，B から垂線 BG をひくと，四角形 BGEF は，長方形となるから，GE＝BF……①
　次に，直角三角形 DBP と GBP において，

（図1）

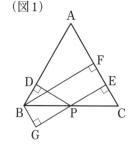

┌─────────────────────────────┐
│　㋐　　　　　　　　　　　　　　　　│
│　　　　　　　　　　　　　　　　　│
│　　　　　　　　　　　　　　　　　│
└─────────────────────────────┘

であるから∠DBP＝∠GBP……②，BP は共通である……③
②，③より，△DBP≡△GBP
よって，　┌ ㋑　　　　　　　┐……④
④より，PE＋PD＝PE＋PG　また，PE＋PG＝EG
したがって，①より，PE＋PD＝BF
　さらに，たけしさんは，図2のように，B をこえる CB を延ばした直線上に，点 P を移動させるとき，線分 PE，PD，BF の長さの間に，等式 ┌ ㋒　　　　　　┐が成り立つことに気づいた。

（図2）

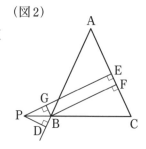

3 右の図のように，△ABCの∠B，∠Cの二等分線の交点をPとし，Pを通ってBCと平行な直線が辺AB，ACと交わる点をそれぞれD，Eとする。AB＝15cm，BC＝14cm，AC＝13cmのとき，△ADEの周の長さを求めなさい。(15点)

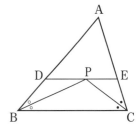

4 直角三角形の合同を利用して，円に関する次の性質を証明しなさい。(10点×2)
(1) 円の中心から弦にひいた垂線は弦を2等分する。
　（図で，OH⊥ABならば，AH＝BHである）

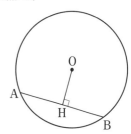

(2) 円外の1点から円にひいた2本の接線の長さは等しい。
　（図で，A，Bを接点とすると，PA＝PBである。）

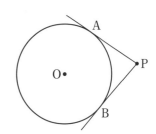

5 鋭角三角形ABCにおいて，∠Aの二等分線が辺BCと交わる点をMとする。Mが辺BCの中点ならば，AB＝ACであることを直角三角形の合同を使って証明しなさい。(20点)

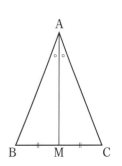

15 平行四辺形

Step **A** 〉 Step **B** 〉 Step **C**

解答▶別冊46ページ

1 次の問いに答えなさい。

(1) 右の図の平行四辺形 ABCD において，∠ADH＝∠CDH，
AE⊥DH のとき，∠x の大きさを求めなさい。　　〔青　森〕

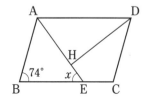

(2) 右の図の平行四辺形 ABCD において，∠x の大きさを求めなさい。

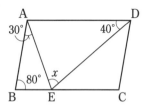

(3) 右の図で，四角形 ABCD は，平行四辺形である。E は辺 AD 上にあり，
ED＝DC，EB＝EC である。∠EAB＝98°のとき，∠ABE の大き
さを求めなさい。　　　　　　　　　　　　　　　　　〔愛　知〕

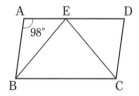

重要 **2** 右の平行四辺形 ABCD は，AD＝8cm，AB＝5cm である。∠A
の二等分線が辺 BC と交わる点を E，∠D の二等分線が辺 BC と
交わる点を F とし，AE と DF の交点を G とする。

(1) ∠AGD の大きさを求めなさい。

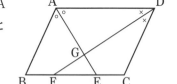

(2) 線分 EF の長さを求めなさい。

3 平行四辺形 ABCD の対角線 BD の中点 O を通る直線が，辺 AD，BC と交わる点をそれぞれ E，F とする。このとき，次のことがらを証明しなさい。

(1) △BFO ≡ △DEO

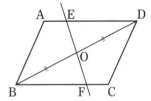

(2) 四角形 EBFD は平行四辺形である。

4 平行四辺形 ABCD の対角線 BD に，A，C からそれぞれ垂線 AE，CF をひく。このとき，次のことがらを証明しなさい。

(1) △ABE ≡ △CDF

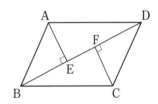

(2) 四角形 AECF は平行四辺形である。

✔チェックポイント

平行四辺形になるための条件
① 2組の対辺がそれぞれ平行である。
② 2組の対辺がそれぞれ等しい。
③ 2組の対角がそれぞれ等しい。
④ 対角線がそれぞれの中点で交わる。
⑤ 1組の対辺が平行でその長さが等しい。

1 平行四辺形 ABCD の辺 AD, BC の中点をそれぞれ M, N とし, AN と BM の交点を E, CM と DN の交点を F とするとき, 四角形 ENFM は平行四辺形であることを証明しなさい。(16点)

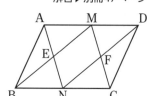

2 平行四辺形 ABCD の辺 AB, BC をそれぞれ 1 辺とする正三角形 ABE, BCF をつくる。このとき, DE＝FD であることを証明しなさい。(16点)

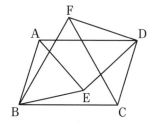

3 AD∥BC, AB＝CD である台形 ABCD がある。このとき, ∠ABC＝∠DCB となることを証明しなさい。(16点)

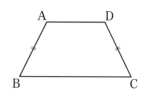

4 △ABCの辺AB, ACの中点をそれぞれM, Nとし, 線分MN の延長上に, MN＝DNとなる点Dをとる。このとき, 次のこと がらを証明しなさい。(10点×3)

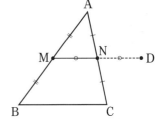

(1) 四角形AMCDは平行四辺形である。

(2) 四角形MBCDは平行四辺形である。

(3) MN∥BC, MN＝$\dfrac{1}{2}$BCである。

5 平行四辺形の対角線BDに平行な直線がBC, CD, およびAD, ABの延長と交わる点を, それぞれP, Q, R, Sとする。このとき, PS＝QRであることを証明しなさい。(11点)

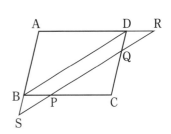

6 右の図のように, 平行四辺形ABCDの対角線ACの中点をOとし, AB, BOを2辺とする平行四辺形ABOEをつくる。OEはADに よって2等分されることを証明しなさい。(11点)

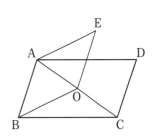

16 特別な平行四辺形

Step A ▷ Step B ▷ Step C

解答▶別冊48ページ

重要 1 四角形 ABCD の対角線の交点を O とするとき，次のような条件をもつ四角形はどんな四角形ですか。

(1) AB＝CD，AB∥DC，AC⊥BD

(2) AO＝BO＝CO＝DO

(3) AB＝BC＝CD＝DA，AC＝BD

(4) AB∥DC，AD∥BC，∠B＝90°

2 右の図の四角形 ABCD はひし形である。A から辺 BC，DC にひいた垂線をそれぞれ AE，AF とするとき，AE＝AF であることを証明しなさい。

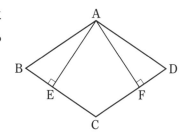

重要 3 右の図において，AQ，BS，CS，DQ は平行四辺形 ABCD の4つの角の二等分線である。このとき，四角形 PQRS は長方形であることを証明しなさい。

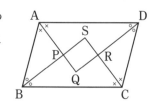

4 長方形ABCDの対角線の交点Oで垂直に交わる2つの直線が辺AB, BC, CD, DAと交わる点をそれぞれP, Q, R, Sとする。このとき, 次のことがらを証明しなさい。

(1) △OAP ≡ △OCR

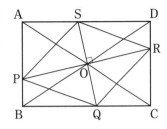

(2) 四角形PQRSはひし形である。

5 右の図のように, 平行四辺形ABCDの4つの外角の二等分線の交点をP, Q, R, Sとする。このとき, 四角形PQRSは長方形であることを証明しなさい。

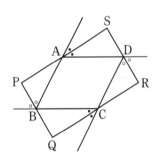

✓チェックポイント

① **ひし形**…平行四辺形＋となり合う辺が等しい
　　　　　　平行四辺形＋対角線が直角に交わる

② **長方形**…平行四辺形＋1つの角が90°
　　　　　　平行四辺形＋対角線の長さが等しい

③ **正方形**…長方形＋ひし形

●時　間 35分　●得　点
●合格点 70点　　　　点

解答▶別冊48ページ

1 ∠A＞60°である△ABCの3つの辺AB，BC，ACをそれぞれ1辺とする正三角形DBA，EBC，FACをそれぞれ辺BCについてAと同じ側につくる。(10点×3)

(1) 四角形AFEDは平行四辺形であることを証明しなさい。

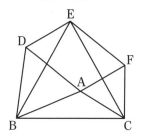

(2) 四角形AFEDが，①長方形，②ひし形になるのは，△ABCにそれぞれどのような条件があるときですか。

2 同じ幅(はば)のテープを右の図のように重ねたとき，重なった部分の四角形ABCDはひし形であることを証明しなさい。(10点)

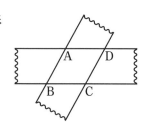

3 平行四辺形ABCDの対角線BD上に，2つの対角線の交点以外の点Eをとる。このとき，AE＝CEならば，四角形ABCDはひし形であることを証明しなさい。(10点)

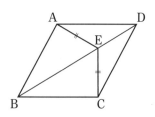

4 四角形 ABCD の辺 BC と対角線 BD をとなり合う 2 つの辺とする平行四辺形 BCED，辺 AB と対角線 BD をとなり合う 2 つの辺とする平行四辺形 ABDF をつくる。(10点×2)

(1) 四角形 ACEF は平行四辺形であることを証明しなさい。

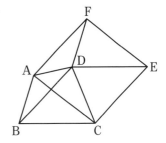

(2) 四角形 ACEF が正方形になるのは，四角形 ABCD がどんな四角形のときですか。

5 ∠A＝90°の直角三角形 ABC において，斜辺 BC の中点を M とすると，AM＝BM＝CM であることを証明しなさい。(15点)

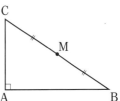

6 ∠A＝90°の直角三角形 ABC において，A から辺 BC に垂線 AD をひき，∠B の二等分線が AD，AC と交わる点をそれぞれ E，F とする。F から辺 BC に垂線 FG をひくと，四角形 AEGF はひし形であることを証明しなさい。(15点)

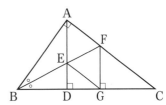

月　　日

17 平行線と面積

Step A　Step B　Step C

解答▶別冊50ページ

重要 **1** 右の図で，四角形 ABCD は平行四辺形，AC∥EF である。このとき，△AFC と面積の等しい三角形をすべて答えなさい。

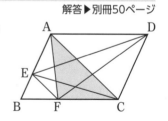

重要 **2** 方眼を利用して，A を1つの頂点とし，底辺 PQ が直線 CD 上にある，五角形 ABCDE と面積が等しい三角形 APQ をかきなさい。

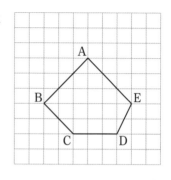

3 右の図の四角形 ABCD において，対角線 BD の中点を M とすると，四角形 AMCD の面積は四角形 ABCD の面積の $\frac{1}{2}$ になる。このことを利用して，点 A を通り，四角形 ABCD の面積を2等分する直線を作図する方法を述べなさい。

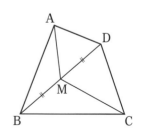

4 右の図の四角形 ABCD は長方形で，AB＝8cm，BC＝9cm，AE＝6cmです。このとき，△AEF の面積を求めなさい。

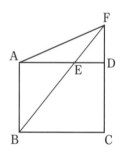

5 右の図のように，3つの直線が，原点O，点A(2, 4)，点B(5, −2)で交わっている。　　　　　〔京都〕

(1) 2点A，Bを通る直線の式を求め，$y=mx+n$ の形で表しなさい。

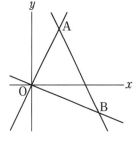

(2) x軸上に点Pをとって，△AOBと面積が等しくなるように，△AOPをつくる。このとき，点Pのx座標を求めなさい。ただし，点Pのx座標は正とする。

6 右の図で，Oは原点，四角形ABCDは平行四辺形で，A，Cはy軸上の点，辺DAはx軸に平行である。またEは直線 $y=x-1$ 上の点である。点A，Bの座標がそれぞれ(0, 6)，(−2, 2)で，平行四辺形ABCDの面積と△DCEの面積が等しいとき，点Eの座標を求めなさい。ただし，点Eのx座標は正とする。　〔愛知〕

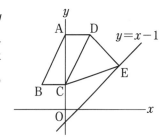

7 右の図で，A(2, 6)，B(6, 8)，C(8, 0)である。

(1) 点Bを通り，直線ACに平行な直線の式を求めなさい。

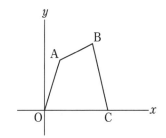

(2) 四角形OABCの面積を求めなさい。

✓チェックポイント

① 底辺が共通で，高さが等しい2つの三角形は面積が等しい。
　右の図で，PQ∥ABならば，△PAB＝△QAB
　また，△PAB−△OAB＝△QAB−△OABより，
　△APO＝△BQO

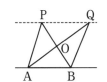

② 右の図で，△PAB＝△QABならば，PQ∥AB

Step A 〉 Step B 〉 Step C

●時　間　35分	●得　点
●合格点　75点	点

解答▶別冊51ページ

重要 **1** ∠A＝90°の直角三角形ABCの外側に正方形ABED，BCGF，CAIHをつくり，点Aを通りBC，FGに垂直な直線がBC，FGと交わる点をそれぞれJ，Kとする。(8点×3)

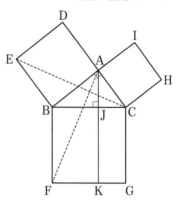

(1) △ABF ≡ △EBCであることを証明しなさい。

(2) 正方形ABEDの面積と長方形BFKJの面積が等しいことを証明しなさい。

(3) 正方形ABEDの面積と正方形CAIHの面積の和は，正方形BFGCの面積に等しいことを証明しなさい。

2 AD∥BCである台形ABCDの対角線の交点をOとする。辺BC上に点Pをとり，AとP，DとP，OとPをそれぞれ結ぶとき，△OAP＋△ODP＝△OABであることを証明しなさい。(15点)

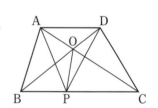

3 $\angle A=90^\circ$ の直角三角形 ABC の辺 BC 上に BP＝BA となる点 P をとる。点 P を通って△ABC の面積を 2 等分する直線が辺 AB と交わる点を Q とするとき，$PQ=\frac{1}{2}BC$ となることを証明しなさい。(15点)

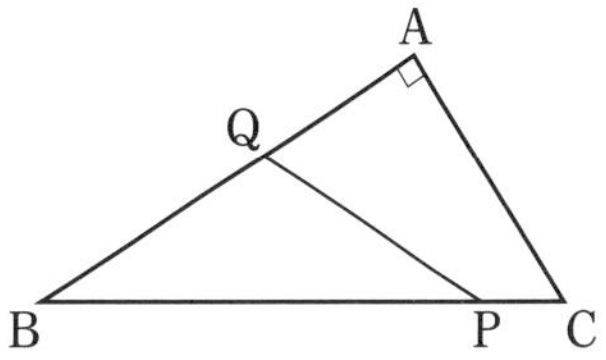

4 右の図のように，4 点 A$(-4, 2)$，B$(8, 8)$，C$(2, 9)$，D$(-2, 7)$ を頂点とする四角形 ABCD がある。直線 $y=mx$ が四角形 ABCD の面積を 2 等分するとき，m の値を求めなさい。

(16点)〔明治大付属明治高〕

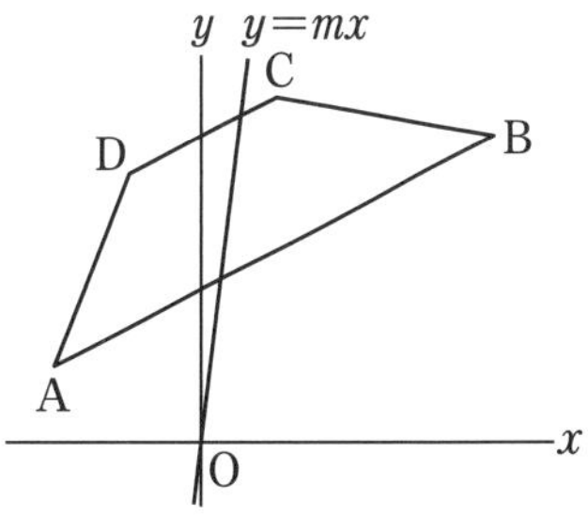

5 右の図のように，3 点 A$(3,\ 1)$，B$(a,\ 2)$，C$(1,\ 2)$を，四角形 OABC が台形になるようにとる。ただし，O は原点とする。

(10点×3)〔土浦日本大高〕

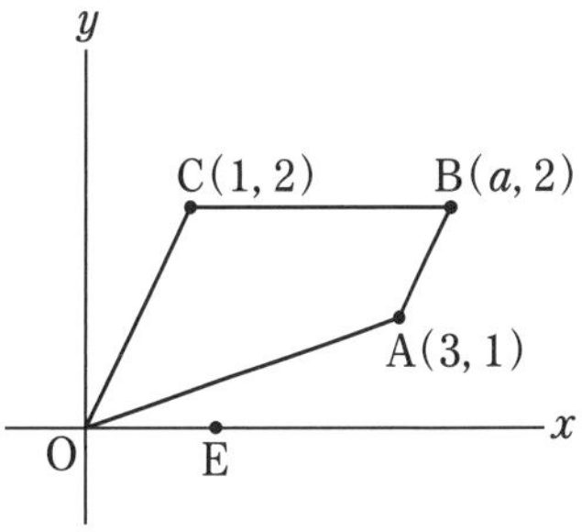

(1) a の値を求めなさい。

(2) x 軸(じく)上に点 E を，台形 OEBC の面積と台形 OABC の面積が等しくなるようにとる。このとき，点 E の x 座標を求めなさい。

(3) (2) のとき，直線 $y=x-b$ が台形 OEBC の面積を 2 等分するとき，b の値を求めなさい。

月　　　日

Step **A** 〉 Step **B** 〉 Step **C**-①

●時 間 40分
●合格点 70点
●得 点
点

解答▶別冊52ページ

1 次の問いに答えなさい。（10点×3）

(1) 右の図において，M は辺 BC の中点であるとき，∠DME の大きさを求めなさい。　　〔城北高（東京）〕

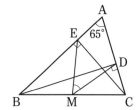

(2) 右の図において，四角形 ABED の中に点 C があり，△ABC と△DCE はともに直角二等辺三角形で，AC＝CB＝3cm，DC＝CE＝5cm，対角線 AE の長さを 7cm とするとき，四角形 ABED の面積を求めなさい。　　〔駿台甲府高〕

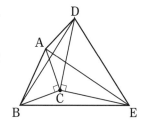

(3) 右の図は，平行四辺形 ABCD の内部に点 P を，△ABP が正三角形，△PBC が直角二等辺三角形になるようにとったものである。∠CPD の大きさを求めなさい。

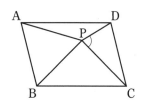

2 右の図で，AM＝BM，AC＝BD であるとき，∠ACM＝∠BDM となることを証明しなさい。（16点）

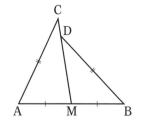

3 AB＝ACである二等辺三角形ABCの辺AB上に点Dを，辺ACの延長上に点Eを，BD＝CEとなるようにとり，BCとDEの交点をFとする。このとき，DF＝EFであることを証明しなさい。(16点)

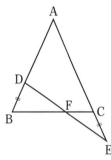

4 右の図の四角形ABCD，DEFGはともに正方形である。点B，Fから直線CEにそれぞれ垂線BH，FIをひくとき，BH＋FI＝CEとなることを証明しなさい。(18点)

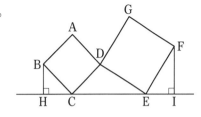

5 右の図において，A(10, 0)，B(10, 4)，C(0, 4)，P(7, 4)，Q(4, 3)であり，Rはx軸上の点で，折れ線PQRによって長方形OABCの面積が2等分されている。(10点×2)

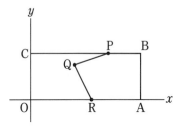

(1) 点Pを通って長方形OABCの面積を2等分する直線の式を求めなさい。

(2) 点Rのx座標を求めなさい。

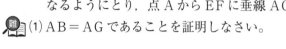

●時　間 40分	●得　点
●合格点 75点	点

解答▶別冊53ページ

1 正方形 ABCD の辺 BC 上に点 E，辺 CD 上に点 F を，∠EAF＝45° となるようにとり，点 A から EF に垂線 AG をひく。(10点×3)

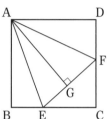

(1) AB＝AG であることを証明しなさい。

(2) ∠BAE＝22°のとき，∠EFC の大きさを求めなさい。

(3) AB＝8cm，EF＝7cm のとき，△CFE の面積を求めなさい。

2 △ABC の∠C の二等分線が AB と交わる点を D とし，辺 BC 上に CA＝CE となる点 E をとる。さらに，AF∥DE となる点 F を線分 CD 上にとる。(10点×2)

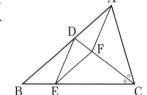

(1) 四角形 ADEF はひし形であることを証明しなさい。

(2) AB＝BC，∠ABC＝a° とするとき，∠DAF の大きさを a を使って表しなさい。

3 AD∥BC である台形 ABCD において，辺 AB，CD の中点をそれぞれ M，N とするとき，
MN∥BC，$MN = \dfrac{1}{2}(AD + BC)$
であることを証明しなさい。(15点)

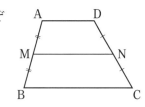

4 平行四辺形 ABCD の辺 CD の中点を M とし，点 A から BM に垂線 AE をひく。このとき，△AED は二等辺三角形であることを証明しなさい。(15点)

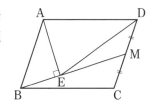

5 右の図のように，O を原点とする座標平面上に 3 点 A$(-4, 0)$，B$(6, 0)$，C$(0, 9)$ があり，点 A を通る直線が線分 BC と交わる点を P，y 軸との交点を Q とする。(10点×2)

(1) PA＝PB となるとき，直線 AP の式を求めなさい。

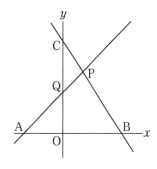

(2) △PCQ＝△OAQ となるとき，点 P の座標を求めなさい。

18 四分位範囲と箱ひげ図

Step A ＞ Step B ＞ Step C

解答▶別冊55ページ

重要 **1** 次のデータは，10 人の生徒の数学のテストの得点である。

81　74　60　98　83　74　65　89　70　76 （点）

(1) 最大値，最小値，中央値をそれぞれ求めなさい。

(2) 第 1 四分位数，第 3 四分位数をそれぞれ求めなさい。

(3) 平均値を求めなさい。

(4) この結果を，箱ひげ図に表しなさい。

2 次のデータは，ある商品の 9 日間の売り上げ個数を，値の小さい順にならべたものである。このデータの中央値と平均値は等しく，四分位範囲は 17 個であった。

13　15　a　25　27　b　32　38　44 （個）

(1) 第 3 四分位数を求めなさい。

(2) a の値を求めなさい。

(3) b の値を求めなさい。

3 下の図は，50人の生徒が受けた数学と英語のテストの得点のデータを箱ひげ図にしたものである。

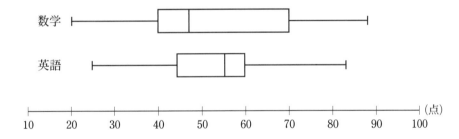

これについて，次の問いに答えなさい。

(1) 四分位範囲が大きいのは，数学，英語のどちらですか。

(2) 50点以上の生徒が多いのは，数学，英語のどちらですか。

(3) 数学と英語のテストの得点のデータをヒストグラムに表したとき，数学を表すのは次の**ア**，**イ**のうちどちらですか。

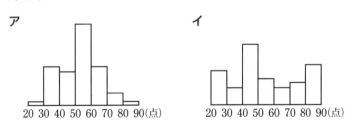

1年の復習
第1章
第2章
第3章
第4章
第5章
第6章
総合実力テスト

✓チェックポイント

① 最小値から最大値までのデータをほぼ4等分する3つの点を小さい順に，**第1四分位数**，**第2四分位数**（＝中央値のこと），**第3四分位数**という。

② **箱ひげ図**…四分位数を用いてデータの分布を視覚的に表したもの。

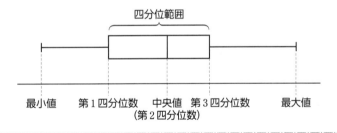

19 確　　率

Step A ▶ Step B ▶ Step C

解答▶別冊55ページ

重要　**1** 次の問いに答えなさい。

(1) 500円，100円，50円，10円の硬貨が1枚ずつある。この4枚の硬貨を同時に投げるとき，表の出た硬貨の合計金額が600円以上になる確率を求めなさい。ただし，すべての硬貨の表と裏の出方は，同様に確からしいものとする。 〔徳島〕

(2) 袋の中に，赤玉3個，白玉2個が入っている。袋から玉を1個取り出し，それを袋に戻して，また1個取り出すとき，少なくとも1回は赤玉が出る確率を求めなさい。ただし，袋からどの玉が取り出されることも同様に確からしいとする。 〔茨城〕

(3) 大小2つのさいころを同時に投げるとき，出た目の数をそれぞれ a，b とする。この a，b に対して，3点 A(0, 4)，B(1, a)，C(2, b) をとる。このとき，3点 A，B，C が一直線上にならぶ確率を求めなさい。 〔岡山県立岡山朝日高〕

2 大小2つのさいころを同時に1回投げ，大きいさいころの出る目の数を a，小さいさいころの出る目の数を b とする。ただし，さいころの目の出方は，1，2，3，4，5，6の6通りであり，どの目が出ることも同様に確からしいものとする。 〔三重〕

(1) $a = b$ となる確率を求めなさい。

(2) $2a + b$ の値が素数になる確率を求めなさい。

3 2つの箱A，Bがある。箱Aには1，2，3，4，5の数が書かれた白いカードが1枚ずつ入っており，箱Bには1，2，3，4，5，6の数が書かれた青いカードが1枚ずつ入っている。箱A，Bから1枚ずつカードを取り出す。箱Aから取り出したカードに書かれている数をa，箱Bから取り出したカードに書かれている数をbとする。　〔富　山〕

箱A

箱B

(1) $a=2$，$b=3$となる確率を求めなさい。

(2) $a>b$となる確率を求めなさい。

(3) aとbの積が3の倍数となる確率を求めなさい。

4 右の図のような正五角形ABCDEの頂点Aに白石と赤石を1個ずつ置く。1から6までの目のあるさいころを2回投げる。1回目は白石を右回り（A→E→D→の順）に出た目と同じ数だけ先の頂点に進める。2回目は赤石を左回り（A→B→C→の順）に出た目の2倍だけ先の頂点に進める。　〔京都教育大附高〕

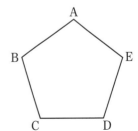

(1) 白石，赤石がともに頂点Cにある確率を求めなさい。

(2) 白石のある頂点，赤石のある頂点，頂点Aを結んで三角形をつくることができる確率を求めなさい。

✓ チェックポイント

① 確率＝$\dfrac{\text{条件をみたす場合の数}}{\text{起こりうるすべての場合の数}}$ で求める。したがって，「場合の数」を正確に数えることが重要である。（書き出し，樹形図，表などを使う。）

② 条件を満たさない場合の数を数えて，すべての場合の数からひいて求めることもできる。

● 時 間 35分	● 得 点
● 合格点 80点	点

解答 ▶ 別冊56ページ

1 次の問いに答えなさい。(10点×2)

(1) 1, 2, 3, 4, 5, 6, 7, 8, 9の数字が1つずつ書かれた9枚のカード 1, 2, 3, 4, 5, 6, 7, 8, 9が袋の中に入っている。この袋から同時に2枚のカードを取り出す。このとき,取り出したカードに書かれた2つの数の積が6の倍数になる確率を求めなさい。ただし,どのカードが取り出されることも同様に確からしいとする。　〔都立日比谷高〕

(2) 大小2つのさいころを同時に投げる。大きいさいころの出た目を x 座標,小さいさいころの出た目を y 座標とし,座標平面上に点Pをとる。この点Pが $y=\dfrac{6}{x}$, $y=\dfrac{x}{6}$, $y=6x$ で囲まれる部分の内部および周上の点となる確率を求めなさい。　〔城北高(東京)〕

2 箱の中に1から5までの数が1つずつ書かれた5個の玉がある。この中から,もとに戻すことなく玉を1個ずつ3回取り出し,玉に書かれた数を順に a, b, c とする。$A=a\times b\times c$ とおくとき,次の確率を求めなさい。(10点×3)　〔青雲高〕

(1) A が20の倍数になる確率

(2) A が6の倍数になる確率

(3) A が5の倍数になる確率

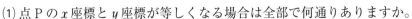

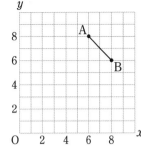

3 右の図のように，2 点 A(6，8)，B(8，6)を結んだ線分 AB がある。1 つのさいころを 2 回投げて，1 回目に出た目の数を x 座標，2 回目に出た目の数を y 座標とする点 P をとる。ただし，1 から 6 までの目の出方は同様に確からしいものとする。(10点×3)　〔石　川〕

(1) 点 P の x 座標と y 座標が等しくなる場合は全部で何通りありますか。

(2) 直線 OP が線分 AB 上の点を通らない確率を求めなさい。

記述 (3) △PAB の面積が 4 になる確率を求めなさい。また，その考え方を説明しなさい。説明においては，図や表，式などを用いてもよい。

4 リンゴ，ミカン，イチゴの 3 種類の果物がある。A，B，C，D の 4 人がいて，それぞれが自分以外の 3 人にわからないように 1 つの果物を選ぶ。このとき自分以外の 3 人と違う種類の果物を選んだときだけ，その果物を食べることができる。例えば，A がリンゴ，B がミカン，C がイチゴ，D がミカンを選んだときは，A と C は食べることができ，B と D は食べることができない。次の確率を求めなさい。(10点×2)　〔慶應義塾志木高〕

(1) 4 人のうち，1 人だけ果物を食べることができる確率

(2) 誰も果物を食べることができない確率

Step A 〉 Step B 〉 Step C-①

● 時 間 40分　● 得 点
● 合格点 70点　　　　点

解答▶別冊57ページ

1 立方体のさいころがあり，6つの面にはそれぞれ，−3，−2，−1，1，2，3の整数が1つずつ
書いてある。このさいころを何回か投げて，点Pが次の規則にしたがって数直線上を移動し
ていく。

〔規則〕
　1．最初は0の位置にある。
　2．さいころを投げて出た整数の分だけ数直線上を移動する。

例えば，このさいころを2回投げて1回目に「−2」，2回目に「3」が出たとき，点Pは
0→ −2→1と移動する。(10点×3)　　　　　　　　　　　　　　　　　　　　　　〔成蹊高〕

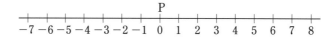

(1) さいころを2回投げたとき，点Pが数直線上の0の位置にある確率を求めなさい。

(2) さいころを3回投げたとき，点Pが数直線上の6の位置にある確率を求めなさい。

(3) さいころを3回投げたとき，点Pが数直線上の −4の位置にある確率を求めなさい。

2 1から99までの番号札が1枚ずつあり，2の倍数の番号札には赤，3の倍数の番号札には青，
5の倍数の番号札には緑のシールが貼ってある。いま，これらの番号札から1枚の札を取りだ
したとき，(10点×2)　　　　　　　　　　　　　　　　　　　　　　　　　　〔慶應義塾高〕

(1) シールが2枚貼られた番号札が出る確率を求めなさい。

(2) シールが貼られていない番号札が出る確率を求めなさい。

3 袋の中に1から9までの自然数が1枚につき1つずつ書かれたカードが9枚入っている。この袋の中から何枚かのカードを同時に取り出すとき，次の問いに答えなさい。(5点×4)

〔立教新座高〕

(1) 同時に2枚のカードを取り出しとき，それぞれのカードに書かれた自然数の積が次のようになる確率を求めなさい。

① 素数　　　　　　　　　　　② 2の倍数

(2) 同時に3枚のカードを取り出したとき，それぞれのカードに書かれた自然数の積が次のようになる確率を求めなさい。

① 8の倍数　　　　　　　　　② ある自然数の2乗

4 1から10までの数字が1つずつ書かれた10枚のカードがある。1から5までの5枚のカードを箱Aに入れ，6から10までの5枚のカードを箱Bに入れる。箱A，箱Bからそれぞれ1枚ずつを取り出して交換した。このとき，次の問いに答えなさい。(10点×3)　〔青雲高〕

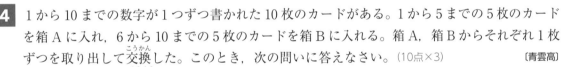

(1) 箱Aに入っている偶数のカードの枚数が交換前よりふえる確率を求めなさい。

(2) 箱Aに入っているカードの数字の和が交換前より3だけ大きくなる確率を求めなさい。

(3) 箱Aに入っているカードの数字の積が，一の位は0になり，十の位は0以外の数となる確率を求めなさい。

Step A ＞ Step B ＞ Step C-②

●時 間 40分　●得 点
●合格点 70点　　　　点

解答 ▶ 別冊58ページ

1 次の問いに答えなさい。(10点×3)

(1) A，B，C，D，E，F の6人を無作為に3人ずつの2つのグループに分けるとき，A と B が同じグループに入る確率を求めなさい。　　　　　　　　　　　　　　　　　〔お茶の水女子大附高〕

(2) 1クラス18人の座席が図のようになっている。全員がくじ引きで席を決めることになった。このクラスの A 君と B 君が隣り合う確率を求めなさい。　　　　　　　〔早稲田実業学校高〕

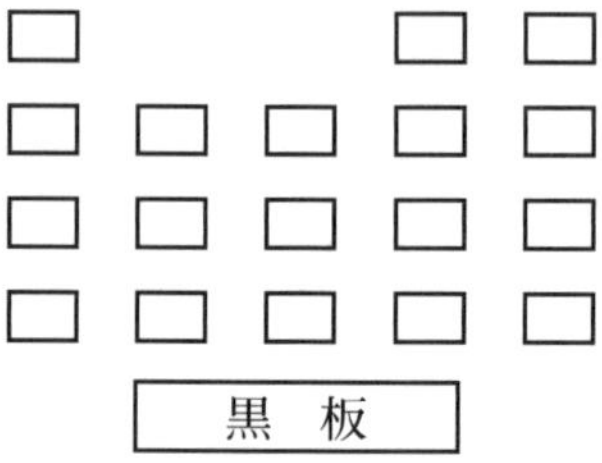

```
□          □ □
□ □ □ □ □
□ □ □ □ □
□ □ □ □
    黒 板
```

(3) 1個のさいころを投げて，出た目によって次のように点数を定める。

出た目の数が奇数のとき……1
出た目の数が偶数のとき……出た目の数

1個のさいころを3回投げて，3回の点数の合計を X 点とする。X が3の倍数である確率を求めなさい。　　　　　　　　　　　　　　　　　　　　　　　　　　　　　　〔灘　高〕

2 A の箱には1から6と書かれた玉がそれぞれ1つずつ合計6個，B の箱には1，4，5と書かれた玉がそれぞれ2つずつ合計6個，C の箱には3と書かれた玉が4つ，2，6と書かれた玉がそれぞれ1つずつ合計6個入っている。いま，A と B の箱からそれぞれ1つずつ玉を取り出すとき，A の箱から取り出された玉に書かれた数のほうが大きくなる確率は ① であり，A，B，C の箱からそれぞれ1つずつ取り出すとき，A から取り出された玉に書かれた数が，他の2つの箱から取り出された玉に書かれた数より大きくなる確率は ② である。

 ① ， ② にあてはまる数を求めなさい。(10点×2)　　　　　　　　　　　〔西大和学園高〕

3 右の図のように，座標平面上に 4 点 A(1, 2)，B(4, 2)，C(4, 4)，D(1, 4) を頂点とする長方形 ABCD がある。このとき，次の問いに答えなさい。(10点×2)　〔豊島岡女子学園高〕

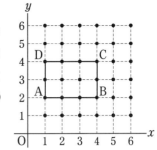

(1) 大，小 2 つのさいころを投げて出た目の数をそれぞれ a, b とします。2 点 P(a, b)，Q(0, 2) をとるとき，直線 PQ が長方形 ABCD の頂点を通る確率を求めなさい。

(2) 大，中，小のさいころを同時に投げて出た目の数をそれぞれ c, d, e とします。2 点 R(c, d)，S(0, e) をとるとき，直線 RS が長方形 ABCD の面積を 2 等分する確率を求めなさい。

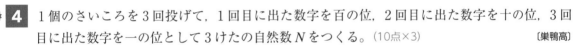

4 1 個のさいころを 3 回投げて，1 回目に出た数字を百の位，2 回目に出た数字を十の位，3 回目に出た数字を一の位として 3 けたの自然数 N をつくる。(10点×3)　〔巣鴨高〕

(1) N の各位の数字がすべて異なるときの確率を求めなさい。

(2) N の各位の数字の積が偶数になるときの確率を求めなさい。

(3) N の各位の数字 3 つのうち，どの 2 つを選んでも最大公約数が 1 になるときの確率を求めなさい。

総合実力テスト

●時　間 50分　　●得　点
●合格点 70点　　　　　　点

解答▶別冊60ページ

1 次の計算をしなさい。(5点×2)

(1) $-\dfrac{1}{2}a^3b^2 \div \dfrac{1}{3}a(-b)^3 \times \left(-\dfrac{b}{a}\right)^2$　〔同志社高〕

(2) $-\dfrac{3x-2y-5}{6} + \dfrac{x-3y+9}{2} - \dfrac{-5x-4y+8}{3}$　〔白陵高〕

2 次の問いに答えなさい。(5点×4)

(1) 2つの連立方程式 $\begin{cases} x-2y=-7 \\ ax+by=13 \end{cases}$ と $\begin{cases} 2x+y=11 \\ bx-ay=1 \end{cases}$ が同じ解をもつとき，定数 a と b をそれぞれ求めなさい。　〔日本大豊山女子高−改〕

(2) $\dfrac{S}{2} = \dfrac{x-2y}{3}$ を y について解きなさい。

(3) $x=-\dfrac{2}{3}$, $y=\dfrac{3}{4}$ のとき $2(3x-5y)-3(x-2y)$ の値を求めなさい。

(4) 右の図は，合同な正方形を3つつないでかいたものである。このとき，図にかき入れた3つの角 $\angle x$, $\angle y$, $\angle z$ の大きさの和を求めなさい。

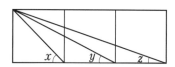

3 トラックで，ある荷物を A 町から 150 km 離れている B 町へ運ぶことになった。平地では時速 60 km で走っていたが，A 町と B 町の間に峠があり，上り坂では時速 40 km，下り坂では時速 50 km で走った。そのため行きは3時間3分かかった。帰りは荷物を置いてきたので，平地，上り坂，下り坂ともに2割はやく走ることができた。そのため B 町から A 町まで2時間30分でもどることができた。A 町と B 町の間の坂道(上り坂と下り坂)の道のりを求めなさい。(10点)

〔城北埼玉高〕

4 右の図のように，座標平面上に直線 $y=\dfrac{1}{2}x$ と $y=2x$ がある。点 A の x 座標は 3 で，$y=\dfrac{1}{2}x$ 上にある。また，点 C の x 座標は 2 で，$y=2x$ 上にある。四角形 OABC が平行四辺形になるとき，次の問いに答えなさい。(5点×3)　　　　〔市川高(千葉)〕

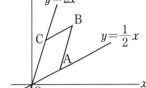

(1) 点 B の座標を求めなさい。

(2) 平行四辺形 OABC の面積を求めなさい。

(3) △OCD と平行四辺形 OABC の面積が等しくなるように，直線 $y=\dfrac{1}{2}x$ 上に点 D をとる。このような点 D の座標をすべて求めなさい。

5 a を一の位の数字が 0 でない 2 けたの自然数とし，b を a の十の位の数字と一の位の数字を入れかえた 2 けたの自然数とします。次の問いに答えなさい。(5点×3)　　　　〔宮 城〕

(1) $a=15$ のとき，$5a+4b$ の値を求めなさい。

(2) a の十の位の数字を x，一の位の数字を y とします。ただし，x と y は 1 から 9 までの整数とします。
次の①，②の問いに答えなさい。
①a と b を，それぞれ x と y を使って表しなさい。

②$5a+4b$ は 9 の倍数になります。その理由を①で表した式を利用して説明しなさい。

6 右の図のような，平行四辺形ABCDの辺BCの中点をEとし，AEの延長とDCの延長との交点をFとする。辺BCの延長上にCG＝CEとなる点Gをとり，DとE，DとG，FとGをそれぞれ結ぶとき，次の問いに答えなさい。(10点×2)

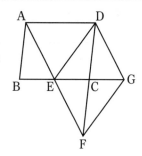

(1) △ABE ≡ △FCE を証明しなさい。

(2) 四角形DEFGが平行四辺形であることを証明しなさい。

7 大小2個のさいころを投げて出た目の数をそれぞれa，bとし，2点A$(1, a)$，B$(b, 1)$をとる。x座標とy座標がともに1から6の整数である36個の点のうち，半直線OA，OBによってできる∠AOBの内部にある点の個数を考える。例えば，$a=1$，$b=6$のとき，点A$(1, 1)$，B$(6, 1)$となるので，∠AOBの内部にある点は右の図の○で囲まれている14個になる。また，$a=1$，$b=1$のとき，∠AOBの内部にある点は0個とする。(5点×2)〔豊島岡女子学園高〕

(1) $a=2$のとき，∠AOBの内部にある点が24個となった。このとき，bの値を求めなさい。

(2) ∠AOBの内部にある点が24個以下である確率を求めなさい。

ハイクラステスト
中2数学
解答編

解　答　編

1年の復習

1 | 数と式の計算

解答

本冊 ▶ p.2〜p.3

1 (1) -2　(2) -5　(3) 15　(4) 12

(5) -8　(6) $\dfrac{3}{8}$　(7) -3

2 (1) $-\dfrac{1}{3}$　(2) 27　(3) $-\dfrac{8}{9}$　(4) 16

(5) $-\dfrac{1}{4}$　(6) -1

3 (1) $3a+5$　(2) $\dfrac{5}{12}a$　(3) $6x-4$

(4) $3a-7$　(5) $\dfrac{7x-4}{6}$　(6) $\dfrac{a+11}{12}$

4 (1) イ　(2) $a=10b+5$　(3) $6x+y<900$

(4) $x \geqq 15a$　(5) $-3<a<3$

解き方

1 (1) $(-7)-(-5)=-7+5=-2$

(2) $7+3\times(-4)=7-12=-5$

(3) $7-(-2)^3=7-(-8)=7+8=15$

(4) $(-3)\times4-(-6)\times4=-12+24=12$

(5) $2\times(-3^2)+10=2\times(-9)+10=-18+10=-8$

(6) $\dfrac{1}{8}-\left(-\dfrac{3}{10}\right)\div\dfrac{6}{5}=\dfrac{1}{8}+\dfrac{1}{4}=\dfrac{3}{8}$

(7) $-8+(-3)^2\times\dfrac{5}{9}=-8+9\times\dfrac{5}{9}=-8+5=-3$

2 (1) $\dfrac{1}{2}+\left(-\dfrac{2}{3}\right)^2\div\left(-\dfrac{8}{15}\right)=\dfrac{1}{2}+\dfrac{4}{9}\times\left(-\dfrac{15}{8}\right)$

$=\dfrac{1}{2}-\dfrac{5}{6}=-\dfrac{1}{3}$

(2) $-3^2\div\left(-\dfrac{3}{5}\right)+2^3\times\dfrac{9}{6}=-9\times\left(-\dfrac{5}{3}\right)+8\times\dfrac{3}{2}$

$=15+12=27$

(3) $-\dfrac{1}{3}\div\left(-\dfrac{3}{2}\right)^3\times(-3^2)=-\dfrac{1}{3}\div\left(-\dfrac{27}{8}\right)\times(-9)$

$=-\dfrac{8}{9}$

(4) $(-4)^2\div\{4-(-3^2+12)\}=16\div\{4-(-9+12)\}$

$=16\div1=16$

(5) $\left(\dfrac{7}{16}-\dfrac{7}{4}\right)^2\div\dfrac{21}{4^2}-\left(\dfrac{5}{4}\right)^2=\left(-\dfrac{21}{16}\right)^2\div\dfrac{21}{16}-\dfrac{25}{16}$

$=\dfrac{21}{16}-\dfrac{25}{16}=-\dfrac{1}{4}$

(6) $\left\{\dfrac{1}{3}\div0.75-\left(-\dfrac{7}{6}\right)^2\right\}\times\left(1+\dfrac{1}{11}\right)$

$=\left(\dfrac{1}{3}\div\dfrac{3}{4}-\dfrac{49}{36}\right)\times\dfrac{12}{11}$

$=\left(\dfrac{4}{9}-\dfrac{49}{36}\right)\times\dfrac{12}{11}=\left(-\dfrac{11}{12}\right)\times\dfrac{12}{11}=-1$

3 (1) $9a+1-2(3a-2)=9a+1-6a+4=3a+5$

(2) $\dfrac{1}{4}a-\dfrac{5}{6}a+a=\left(\dfrac{1}{4}-\dfrac{5}{6}+1\right)a=\dfrac{5}{12}a$

(3) $\dfrac{3x-2}{5}\times10=2(3x-2)=6x-4$

(4) $-2(a-4)+5(a-3)=-2a+8+5a-15$

$=3a-7$

(5) $\dfrac{x-2}{2}+\dfrac{2x+1}{3}=\dfrac{3(x-2)+2(2x+1)}{6}$

$=\dfrac{3x-6+4x+2}{6}=\dfrac{7x-4}{6}$

(6) $\dfrac{3a-1}{4}-\dfrac{4a-7}{6}=\dfrac{3(3a-1)-2(4a-7)}{12}$

$=\dfrac{9a-3-8a+14}{12}=\dfrac{a+11}{12}$

4 (1) イ…例えば，$a=1$，$b=3$ のとき，$a-b=-2$ となり自然数にならない。

(2) a 個のうち，配ったりんごが $b\times10=10b$（個），余ったりんごが5個だから，$a=10b+5$

(3) 重さの合計は，$x\times6+y=6x+y$（g）で，これが900 g より軽いので，$6x+y<900$

(4) もとのリボンの長さは，切り取った長さ以上であるということだから，$x\geqq15a$

(5) a は -3 より大きく，3 より小さい数だから，$-3<a<3$

2 | 1次方程式

解答

本冊 ▶ p.4〜p.5

1 (1) $x=9$　(2) $x=4$　(3) $x=-9$　(4) $x=3$

(5) $x=-2$　(6) $x=-\dfrac{5}{9}$

2 (1) $x=\dfrac{3}{2}$　(2) $a=-3$　(3) $a=17$

(4) $x=-13$

3 $x=17$

4 186 人

5 16 人

6 600 m

7 180 g

解き方

1 (1) $6x-7=4x+11$ $6x-4x=11+7$
$2x=18$ $x=9$

(2) $5x-2=2(4x-7)$ $5x-2=8x-14$
$5x-8x=-14+2$ $-3x=-12$ $x=4$

(3) $4x+6=5(x+3)$ $4x+6=5x+15$
$4x-5x=15-6$ $-x=9$ $x=-9$

(4) $\dfrac{2x+9}{5}=x$ $2x+9=5x$ $2x-5x=-9$
$-3x=-9$ $x=3$

(5) $1.3x-0.7=3(x+0.9)$ $1.3x-0.7=3x+2.7$
両辺を 10 倍して，
$13x-7=30x+27$ $-17x=34$ $x=-2$

(6) $2x-1=\dfrac{5x-3}{4}-\dfrac{2}{3}$ の両辺を 12 倍して，
$12(2x-1)=3(5x-3)-8$
$24x-12=15x-9-8$ $24x-12=15x-17$
$9x=-5$ $x=-\dfrac{5}{9}$

2 (1) (内項の積) = (外項の積) だから，
$2(9-x)=5×3$ $18-2x=15$ $-2x=-3$ $x=\dfrac{3}{2}$

(2) $3x-4=x-2a$ に $x=5$ を代入して，
$3×5-4=5-2a$ $11=5-2a$
$2a=-6$ $a=-3$

(3) $\dfrac{4-ax}{5}=\dfrac{5-a}{2}$ の両辺を 10 倍して，
$2(4-ax)=5(5-a)$ $8-2ax=25-5a$
この式に $x=2$ を代入して，
$8-2a×2=25-5a$
$8-4a=25-5a$ $a=17$

(4) $\begin{vmatrix} x-2 & 3 \\ 2x+1 & 4 \end{vmatrix}=15$ より，$4(x-2)-3(2x+1)=15$
$4x-8-6x-3=15$ $-2x=26$ $x=-13$

3 $4(x+3)=5x-5$ $4x+12=5x-5$ $-x=-17$
$x=17$

4 長いすが x 脚あったとする。
1 脚に 4 人ずつすわると 34 人が座れないことから，
生徒の数は，$4x+34$（人）……①
また，5 人ずつ座ると最後の 1 脚には 1 人だけ座る
ことになることから，
生徒の数は，$5(x-1)+1$（人）……②
① = ②より，$4x+34=5(x-1)+1$
$4x+34=5x-5+1$ $-x=-38$ $x=38$

よって，長いすの数は 38 脚。
生徒の数は，$4×38+34=186$（人）

5 男子が x 人とすると，女子は $(40-x)$ 人である。
(平均点)×(人数) = (合計点) より，
男子だけの合計点は，$60x$（点）……①
女子だけの合計点は，$65(40-x)$（点）……②
全員の合計点は，$63×40=2520$（点）……③
① + ② = ③より，$60x+65(40-x)=2520$
$60x+2600-65x=2520$ $-5x=-80$ $x=16$
よって，男子の人数は，16 人。

6 時速 $3.6\,\mathrm{km}$ = 分速 $60\,\mathrm{m}$ だから，家から駅までの道
のりを $x\,\mathrm{m}$ とすると，
$\dfrac{x}{60}-\dfrac{x}{150}=6$ $5x-2x=1800$ $3x=1800$ $x=600$
よって，家から駅までの道のりは，$600\,\mathrm{m}$。

7 5%の食塩水の重さを $x\,\mathrm{g}$ とする。
10%の食塩水 120g にふくまれている食塩の重さ
は，$120×\dfrac{10}{100}=12$（g）……①
5%の食塩水 x g にふくまれている食塩の重さは，
$x×\dfrac{5}{100}=\dfrac{1}{20}x$（g）……②
できた 7%の食塩水 $(120+x)$ g にふくまれている食
塩の重さは，$\dfrac{7}{100}(120+x)$（g）……③

① + ② = ③より，$12+\dfrac{1}{20}x=\dfrac{7}{100}(120+x)$
両辺を 100 倍して，$1200+5x=7(120+x)$
$1200+5x=840+7x$ $-2x=-360$ $x=180$
よって，5%の食塩水は 180g 必要である。

3 | 比例と反比例

解答
本冊 ▶ p.6～p.7

1 ア，イ

2 ウ，$y=\dfrac{36}{x}$

3 (1) $y=-\dfrac{3}{2}x$ (2) $y=-\dfrac{20}{x}$ (3) $a=-12$

(4)
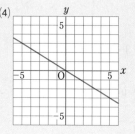

2

4 (1) $a=12$ (2) $\dfrac{3}{4}\leqq m\leqq 3$

5 (1) 9 (2) 8

6 (1) $a=2$ (2) 16

解き方

1 $y=ax$(a は比例定数)の形をした式を選ぶ。

2 それぞれ y を x の式で表すと，

ア… $y=60x$，　イ… $y=1000-120x$，　ウ… $y=\dfrac{36}{x}$

ここから，$y=\dfrac{a}{x}$(a は比例定数)の形をした式を選ぶ。

3 比例の比例定数は(y の値)÷(x の値)，反比例の比例定数は(x の値)×(y の値)　で求められる。

(1) $x=-4$ のとき $y=6$ だから，

比例定数は $6\div(-4)=-\dfrac{3}{2}$

よって，求める式は，$y=-\dfrac{3}{2}x$

(2) $x=-4$ のとき $y=5$ だから，

比例定数は $5\times(-4)=-20$

よって，求める式は，$y=-\dfrac{20}{x}$

(3) $(6,-2)$ なので，$a=6\times(-2)=-12$

(4) 比例のグラフだから，原点を通る直線となる。
$x=5$ のとき $y=-3$ だから，原点$(0,0)$と点$(5,-3)$を通る直線をかけばよい。直線は与えられた座標平面いっぱいにかくようにする。

4 (1) $y=\dfrac{a}{x}$のグラフ上に点 A$(2,6)$があるので，反比例の比例定数 a は，$a=2\times 6=12$

(2) 点 B の y 座標は，$y=\dfrac{12}{4}=3$

原点 O を通る直線 $y=mx$ が点 A を通るとき，
$m=6\div 2=3$

また，点 B を通るとき，$m=3\div 4=\dfrac{3}{4}$

よって，m の値の範囲は，$\dfrac{3}{4}\leqq m\leqq 3$

5 (1) 点 P の x 座標を p とすると，y 座標は $\dfrac{18}{p}$ であるから，OR $=p$，PR $=\dfrac{18}{p}$ と表すことができる。

よって，△OPR の面積 $=\dfrac{1}{2}\times$ OR $\times$ PR

$=\dfrac{1}{2}\times p\times\dfrac{18}{p}=9$

(2) 点 P の x 座標を p とすると，点 Q の x 座標は $3p$

で，y 座標は$\dfrac{18}{3p}=\dfrac{6}{p}$である。

このとき，直線 OQ の式を $y=ax$ とおくと，点 Q を通ることから，$a=\dfrac{6}{p}\div 3p=\dfrac{2}{p^2}$

よって，直線 OQ の式は，$y=\dfrac{2}{p^2}x$

点 S は直線 OQ 上にあり，その x 座標が p であるから，y 座標は $y=\dfrac{2}{p^2}\times p=\dfrac{2}{p}$

これより，PS $=$ PR $-$ SR $=\dfrac{18}{p}-\dfrac{2}{p}=\dfrac{16}{p}$となり，

△OPS の面積 $=\dfrac{1}{2}\times$ PS $\times$ OR $=\dfrac{1}{2}\times\dfrac{16}{p}\times p$

$=8$

6 (1) 点 A は $y=\dfrac{8}{x}$ のグラフ上にあり，x 座標が 2 だから，y 座標は$\dfrac{8}{2}=4$

直線 $y=ax$ が点 A$(2,4)$を通ることから，
$a=4\div 2=2$

(2) 点 B は点 A と原点について対称な点であるから，B$(-2,-4)$である。これより，

四角形 ADBC の面積

$=$ △ABC の面積 $+$ △ABD の面積

$=\dfrac{1}{2}\times 4\times 4+\dfrac{1}{2}\times 2\times 8=16$

4 | 平 面 図 形

解答　　　　　　　　　　　　　　本冊▶p.8〜p.9

1 (1) $135°$ (2) $6\pi\,\text{cm}^2$

2 (1) $6\pi\,\text{cm}$ (2) $(4\pi-8)\,\text{cm}^2$

3

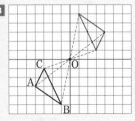

4

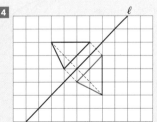

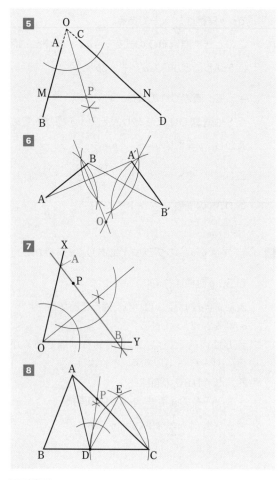

[5]

[6]

[7]

[8]

解き方

1 (1) 弧 AB の長さが 3π cm だから，

$$2\pi \times 4 \times \frac{x}{360} = 3\pi \quad x = 135\,(°)$$

(2) $\pi \times 4^2 \times \dfrac{135}{360} = 6\pi\,(\text{cm}^2)$

別解 $\dfrac{1}{2} \times 3\pi \times 4 = 6\pi\,(\text{cm}^2)$

2 (1) 直径が 4cm の半円 2 つ分の弧の長さと，半径が 4cm で中心角が 90°のおうぎ形の弧の長さの和だから，

$$4\pi \times \frac{180}{360} \times 2 + 2\pi \times 4 \times \frac{90}{360} = 4\pi + 2\pi$$
$$= 6\pi\,(\text{cm})$$

(2) 右の図のように色のついた部分を移動すると，

$$\pi \times 4^2 \times \frac{90}{360} - 4 \times 4 \times \frac{1}{2}$$
$$= 4\pi - 8\,(\text{cm}^2)$$

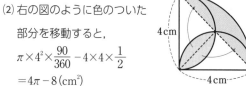

4cm
4cm

3 点 O について点 A，B，C と対称な点をそれぞれとり，それらを結んだ三角形をかく。

4 直線 ℓ について，三角形の 3 つの頂点と対称な点をとり，それらを結んだ三角形をかく。

5 線分 AB と線分 CD を延長させてその交点を O とし，∠BOD の二等分線を作図する。∠BOD の二等分線と線分 MN の交点が P である。

6 線分 AA′ の垂直二等分線と線分 BB′ の垂直二等分線を作図し，それらの交点を O とする。

7 ∠XOY の二等分線に点 P から垂直な直線を作図し，半直線 OX，OY との交点をそれぞれ A，B とする。

8 ∠ADB＝76°より，∠ADC＝104°
104°＝22°×2＋60°のように分けるとすると，線分 CD を 1 辺とする正三角形 EDC を線分 CD の上側に作図し，∠ADE の二等分線が辺 AC と交わる点を P とする。

5 | 空間図形・データの整理

解答
本冊▶p.10〜p.11

1 ウ

2 (1) 10cm　(2) 39πcm²

3 (1) $x = \dfrac{20}{3}$　(2) $x = 5$

4 384cm³

5 (1) 19m　(2) 0.25
(3) $(a,\ b) = (18,\ 18),\ (17,\ 19)$　(4) 19.6m

6 27 回

解き方

1 アは点 B と点 D が重なる。イは辺 AB と辺 CD が平行になる。エは点 A と点 D が重なる。

2 (1) 側面のおうぎ形の半径を $r$cm とする。弧の長さと底面の円周が等しいので，
$$2\pi r \times \frac{108}{360} = 2\pi \times 3 \quad r = 10$$

(2) 側面のおうぎ形の面積は，
$\pi \times$（母線の長さ）×（底面の半径）で求められるので，$\pi \times 10 \times 3 = 30\pi\,(\text{cm}^2)$
底面の円の面積は，$\pi \times 3^2 = 9\pi\,(\text{cm}^2)$
よって，表面積は，$30\pi + 9\pi = 39\pi\,(\text{cm}^2)$
別解 側面のおうぎ形の面積は，
$\pi \times 10^2 \times \dfrac{108}{360} = 30\pi\,(\text{cm}^2)$
底面の円の面積は 9π cm² だから，表面積は，
$30\pi + 9\pi = 39\pi\,(\text{cm}^2)$

3 (1) 図1の立体は半球と円錐を合わせたもので，その体積は，

$\frac{4}{3}\pi \times 6^3 \times \frac{1}{2} + \frac{1}{3} \times \pi \times 6^2 \times 8 = 144\pi + 96\pi$

$= 240\pi \, (\text{cm}^3)$

図2の立体は円柱で，その体積は，

$\pi \times 6^2 \times x = 36\pi x \, (\text{cm}^3)$

2つの立体の体積が等しいので，

$36\pi x = 240\pi \quad x = \frac{20}{3}$

(2) 図1の立体の表面積は，

$4\pi \times 6^2 \times \frac{1}{2} + \pi \times 10 \times 6 = 72\pi + 60\pi = 132\pi \, (\text{cm}^2)$

図2の立体の表面積は，

$\pi \times 6^2 \times 2 + 2\pi \times 6 \times x = 72\pi + 12\pi x \, (\text{cm}^2)$ なので，

$132\pi = 72\pi + 12\pi x \quad x = 5$

4 辺DHの中点をQとすると，長方形PQGFが切り口になる。点Aをふくむ立体は，台形APFBを底面とする四角柱だから，

$\frac{1}{2} \times (4+8) \times 8 \times 8 = 384 \, (\text{cm}^3)$

> 🛡 **ここに注意**　立体の切断では，平行な面に切り口ができる場合，それぞれの面にできる切り口の線は平行になる。

5 (1) 17m以上21m未満の階級が11人で最も多いから，最頻値はその階級値をとって，

$(17+21) \div 2 = 19 \, (\text{m})$

(2) 25m以上投げた人は7+3＝10(人)だから，相対度数は，$10 \div 40 = 0.25$

(3) 中央値の属する階級は17m以上21m未満の階級である。中央値は18mで，これはaとbの平均値だから，考えられる(*a*, *b*)の組み合わせは，(18, 18)と(17, 19)

(4) (階級値)×(度数)を合計すると，$7 \times 3 + 11 \times 4 + 15 \times 6 + 19 \times 11 + 23 \times 6 + 27 \times 7 + 31 \times 3 = 784 \, (\text{m})$ だから，平均値は，$784 \div 40 = 19.6 \, (\text{m})$

6 10人で測定したとき5番目と6番目の回数をそれぞれ*x*回，*y*回とすると，*x*−*y*＝4で，*x*と*y*の平均値が25だから，*x*＝27，*y*＝23とわかる。ここに28回のAさんをふくめるとAさんは回数の多い順から5番以内に入るので，*x*＝27は多い順から6番目になり，これが11人の回数の中央値になる。

2年

第1章　式の計算 —————

1│式の計算 ①

Step A　解答　　　　　　　本冊▶p.12〜p.13

1 (1) $8x - 5y$　(2) $3a + 6b$　(3) $10x + y$
(4) $3a + 5b$　(5) $5x + 7y$　(6) $4a + 13b$
(7) $14x - 7y$　(8) $a + 8b$

2 (1) $-3x + 2y$　(2) $-8x + 12y + 4$

3 (1) $\dfrac{9x - 5y}{6}$　(2) $\dfrac{-a + 7b}{6} \left(-\dfrac{a - 7b}{6} \right)$
(3) $\dfrac{x + 9y}{8}$　(4) $\dfrac{a + b}{3}$

4 (1) $40x^2 y^3$　(2) $15b^2$　(3) $4x^2$　(4) $2xy$

5 (1) $-3ab$　(2) $-2ab$　(3) $2a^2 b$
(4) $-2b$　(5) $8x^3$　(6) $3ab$

6 (1) $\dfrac{3a}{2}$　(2) $-12a^3 b^7$

解き方

1 (1) $3x - 9y + 5x + 4y = 8x - 5y$
(2) $6a + b - (3a - 5b) = 6a + b - 3a + 5b = 3a + 6b$
(3) $2(3x + y) + (4x - y)$
$= 6x + 2y + 4x - y = 10x + y$
(4) $4(a - b) - (a - 9b) = 4a - 4b - a + 9b = 3a + 5b$
(5) $4(x + 2y) - (-x + y) = 4x + 8y + x - y = 5x + 7y$
(6) $2(3a + 4b) - (2a - 5b)$
$= 6a + 8b - 2a + 5b = 4a + 13b$
(7) $3(2x - y) + 2(4x - 2y)$
$= 6x - 3y + 8x - 4y = 14x - 7y$
(8) $2(5a + b) - 3(3a - 2b)$
$= 10a + 2b - 9a + 6b = a + 8b$

2 (1) $(21x - 14y) \div (-7) = (21x - 14y) \times \left(-\dfrac{1}{7} \right)$
$= -3x + 2y$
(2) $(2x - 3y - 1) \div \left(-\dfrac{1}{4} \right) = (2x - 3y - 1) \times (-4)$
$= -8x + 12y + 4$

3 (1) $\dfrac{2x + y}{3} + \dfrac{5x - 7y}{6} = \dfrac{2(2x + y) + (5x - 7y)}{6}$
$= \dfrac{4x + 2y + 5x - 7y}{6} = \dfrac{9x - 5y}{6}$
(2) $\dfrac{a + 2b}{3} - \dfrac{a - b}{2} = \dfrac{2(a + 2b) - 3(a - b)}{6}$
$= \dfrac{2a + 4b - 3a + 3b}{6} = \dfrac{-a + 7b}{6}$
(3) $\dfrac{x + y}{2} - \dfrac{3x - 5y}{8} = \dfrac{4(x + y) - (3x - 5y)}{8}$

$$=\frac{4x+4y-3x+5y}{8}=\frac{x+9y}{8}$$

(4) $a-\dfrac{2a-b}{3}=\dfrac{3a-(2a-b)}{3}$

$$=\frac{3a-2a+b}{3}=\frac{a+b}{3}$$

4 (1) $5xy^2\times 8xy=40x^2y^3$

(2) $5ab^2\div\dfrac{a}{3}=5ab^2\times\dfrac{3}{a}=\dfrac{15ab^2}{a}=15b^2$

(3) $2x^3y^2\div\dfrac{1}{2}xy^2=2x^3y^2\div\dfrac{xy^2}{2}=2x^3y^2\times\dfrac{2}{xy^2}$

$$=\frac{4x^3y^2}{xy^2}=4x^2$$

> **⚠ ここに注意** $\dfrac{1}{2}xy^2=\dfrac{xy^2}{2}$ なので，逆
> 数は $\dfrac{2}{xy^2}$ である。$2xy^2$ にしないよう注意する。

(4) $18xy^3\div(-3y)^2=18xy^3\div 9y^2$

$$=18xy^3\times\frac{1}{9y^2}=\frac{18xy^3}{9y^2}=2xy$$

5 (1) $4ab^2\times(-6a)\div 8ab=4ab^2\times(-6a)\times\dfrac{1}{8ab}$

$$=-\frac{4ab^2\times 6a}{8ab}=-3ab$$

(2) $-3a^2\times(-2b)^2\div 6ab=-3a^2\times 4b^2\times\dfrac{1}{6ab}$

$$=-\frac{3a^2\times 4b^2}{6ab}=-2ab$$

(3) $6ab\times(-3ab)^2\div 27ab^2=6ab\times 9a^2b^2\times\dfrac{1}{27ab^2}$

$$=\frac{6ab\times 9a^2b^2}{27ab^2}=2a^2b$$

(4) $8a\div(-4a^2b)\times ab^2=8a\times\left(-\dfrac{1}{4a^2b}\right)\times ab^2$

$$=-\frac{8a\times ab^2}{4a^2b}=-2b$$

(5) $14x^2y\div(-7y)^2\times 28xy=14x^2y\div 49y^2\times 28xy$

$$=14x^2y\times\frac{1}{49y^2}\times 28xy=\frac{14x^2y\times 28xy}{49y^2}=8x^3$$

(6) $9a^2\div(-6ab)\times(-2b^2)=9a^2\times\left(-\dfrac{1}{6ab}\right)\times(-2b^2)$

$$=\frac{9a^2\times 2b^2}{6ab}=3ab$$

6 (1) $8a^3b\div\left(-\dfrac{2}{3}ab^2\right)^2\times\dfrac{b^3}{12}=8a^3b\div\dfrac{4a^2b^4}{9}\times\dfrac{b^3}{12}$

$$=8a^3b\times\frac{9}{4a^2b^4}\times\frac{b^3}{12}=\frac{8a^3b\times 9\times b^3}{4a^2b^4\times 12}=\frac{3a}{2}$$

(2) $\dfrac{1}{3}a^2b^3\div\left(-\dfrac{1}{6}ab\right)^2\times(-ab^2)^3$

$$=\frac{a^2b^3}{3}\div\frac{a^2b^2}{36}\times(-a^3b^6)$$

$$=\frac{a^2b^3}{3}\times\frac{36}{a^2b^2}\times(-a^3b^6)=-\frac{a^2b^3\times 36\times a^3b^6}{3\times a^2b^2}$$

$$=-12a^3b^7$$

Step B **解答**

1 (1) $-\dfrac{1}{12}x-\dfrac{1}{4}y$　(2) $x-5y$　(3) $3x+y$

(4) $2a+5b$　(5) $\dfrac{9x+5y}{12}$　(6) $\dfrac{x+22y}{15}$

(7) $\dfrac{2x+13y}{30}$　(8) $\dfrac{a-5b}{12}$　(9) $\dfrac{3x-4y}{3}$

(10) $8x+y$　(11) $\dfrac{4x-5y-8}{3}$

2 (1) $-\dfrac{25}{6}x$　(2) $4x^3y^5$　(3) $\dfrac{3}{4}a^2b^4$

(4) $81x^5y^2$　(5) $-\dfrac{3a^2b^5}{2c}$　(6) $-20ab^4$

3 (1) $-\dfrac{6a}{b}$　(2) xy^2　(3) $-\dfrac{4}{3}x^3y$　(4) $\dfrac{3}{y^3}$

解き方

1 (1) $\dfrac{1}{4}(x-3y)-\dfrac{1}{6}(2x-3y)=\dfrac{1}{4}x-\dfrac{3}{4}y-\dfrac{1}{3}x+\dfrac{1}{2}y$

$$=\frac{3}{12}x-\frac{4}{12}x-\frac{3}{4}y+\frac{2}{4}y=-\frac{1}{12}x-\frac{1}{4}y$$

> **別解** $\dfrac{1}{4}(x-3y)-\dfrac{1}{6}(2x-3y)$

$$=\frac{x-3y}{4}-\frac{2x-3y}{6}=\frac{3(x-3y)-2(2x-3y)}{12}$$

$$=\frac{3x-9y-4x+6y}{12}=\frac{-x-3y}{12}$$

(2) $4x-y-6\left(\dfrac{x}{2}+\dfrac{2y}{3}\right)=4x-y-3x-4y$

$$=x-5y$$

(3) $2\left(\dfrac{5x}{2}-3y\right)-\dfrac{1}{3}(6x-21y)=5x-6y-2x+7y$

$$=3x+y$$

(4) $12\left(\dfrac{2a-b}{4}-\dfrac{a-2b}{3}\right)=3(2a-b)-4(a-2b)$

$$=6a-3b-4a+8b=2a+5b$$

(5) $x-\dfrac{1}{3}y-\dfrac{x-3y}{4}=\dfrac{12x-4y-3(x-3y)}{12}$

$$=\frac{12x-4y-3x+9y}{12}=\frac{9x+5y}{12}$$

(6) $x-\dfrac{3x-4y}{5}-\dfrac{x-2y}{3}=\dfrac{15x-3(3x-4y)-5(x-2y)}{15}$

$$=\frac{15x-9x+12y-5x+10y}{15}=\frac{x+22y}{15}$$

(7) $\dfrac{5x-2y}{3}-\dfrac{2x-3y}{2}-\dfrac{3x+2y}{5}$

$$=\frac{10(5x-2y)-15(2x-3y)-6(3x+2y)}{30}$$

$$=\frac{50x-20y-30x+45y-18x-12y}{30}=\frac{2x+13y}{30}$$

(8) $\dfrac{a+b}{4}-\left(\dfrac{3a}{2}-\dfrac{4a-2b}{3}\right)$

6

$$=\frac{a+b}{4}-\frac{3a}{2}+\frac{4a-2b}{3}$$

$$=\frac{3(a+b)-18a+4(4a-2b)}{12}$$

$$=\frac{3a+3b-18a+16a-8b}{12}=\frac{a-5b}{12}$$

(9) $\dfrac{x+y}{2}-\dfrac{3x-y}{6}+x-2y$

$$=\frac{3(x+y)-(3x-y)+6x-12y}{6}$$

$$=\frac{3x+3y-3x+y+6x-12y}{6}=\frac{6x-8y}{6}=\frac{3x-4y}{3}$$

(10) $5x-\dfrac{1}{2}\{-3x+4y-3(x+2y)\}$

$$=5x-\frac{1}{2}(-3x+4y-3x-6y)$$

$$=5x-\frac{1}{2}(-6x-2y)=5x+3x+y=8x+y$$

(11) $\dfrac{13x-7y+2}{6}-\left(\dfrac{7x-5y}{8}-\dfrac{8x-6y}{9}\right)\times 12-x-3$

$$=\frac{13x-7y+2}{6}-\frac{3(7x-5y)}{2}+\frac{4(8x-6y)}{3}-x-3$$

$$=\frac{13x-7y+2-9(7x-5y)+8(8x-6y)-6x-18}{6}$$

$$=\frac{13x-7y+2-63x+45y+64x-48y-6x-18}{6}$$

$$=\frac{8x-10y-16}{6}=\frac{4x-5y-8}{3}$$

2 (1) $9x^4y^3\div\left(-\dfrac{3}{5}xy^2\right)^3\times\dfrac{y^3}{10}$

$$=9x^4y^3\div\left(-\frac{27}{125}x^3y^6\right)\times\frac{y^3}{10}$$

$$=9x^4y^3\times\left(-\frac{125}{27x^3y^6}\right)\times\frac{y^3}{10}=-\frac{25}{6}x$$

(2) $\left(\dfrac{5}{2}xy^2\right)^3\div\dfrac{5}{8}x^2y^3\times\left(\dfrac{2}{5}xy\right)^2$

$$=\frac{125x^3y^6}{8}\times\frac{8}{5x^2y^3}\times\frac{4x^2y^2}{25}=4x^3y^5$$

(3) $\left(\dfrac{a^2b^3}{2}\right)^3\times\left(-\dfrac{2a^2b}{3}\right)^2\div\dfrac{2a^8b^7}{27}$

$$=\frac{a^6b^9}{8}\times\frac{4a^4b^2}{9}\times\frac{27}{2a^8b^7}=\frac{3}{4}a^2b^4$$

(4) $\left(-\dfrac{2}{3}x^3y\right)^3\div\left(-\dfrac{1}{6}x^2y^3\right)^2\times\left(-\dfrac{3}{2}y\right)^5$

$$=\left(-\frac{8x^9y^3}{27}\right)\div\frac{1}{36}x^4y^6\times\left(-\frac{243y^5}{32}\right)$$

$$=\left(-\frac{8x^9y^3}{27}\right)\times\frac{36}{x^4y^6}\times\left(-\frac{243y^5}{32}\right)=81x^5y^2$$

(5) $18a^3bc^2\div\left(-\dfrac{2}{3}a^2bc^3\right)^2\times\left(-\dfrac{1}{3}ab^2c\right)^3$

$$=18a^3bc^2\div\frac{4}{9}a^4b^2c^6\times\left(-\frac{1}{27}a^3b^6c^3\right)$$

$$=18a^3bc^2\times\frac{9}{4a^4b^2c^6}\times\left(-\frac{a^3b^6c^3}{27}\right)=-\frac{3a^2b^5}{2c}$$

(6) $\dfrac{1}{9}a^5b^6\div\left(\dfrac{1}{6}a^2b\right)^2+3ab\times(-2b)^3$

$$=\frac{a^5b^6}{9}\times\frac{36}{a^4b^2}+3ab\times(-8b^3)$$

$$=4ab^4-24ab^4=-20ab^4$$

3 (1) $\square\times(-2b^2)\times(-a^2)=-12a^3b$

$$\square\times 2a^2b^2=-12a^3b$$

$$\square=-12a^3b\div 2a^2b^2$$

$$\square=-12a^3b\times\frac{1}{2a^2b^2}$$

$$\square=-\frac{6a}{b}$$

(2) $6x^2\times\square\div(-3xy)=-2x^2y$

$$6x^2\times\square\times\left(-\frac{1}{3xy}\right)=-2x^2y$$

$$-\frac{2x}{y}\times\square=-2x^2y$$

$$\square=-2x^2y\times\left(-\frac{y}{2x}\right)$$

$$\square=xy^2$$

(3) $(3x^2y^3)^2\div(-2x^2y)^3\times\square=\dfrac{3}{2}xy^4$

$$9x^4y^6\div(-8x^6y^3)\times\square=\frac{3}{2}xy^4$$

$$9x^4y^6\times\left(-\frac{1}{8x^6y^3}\right)\times\square=\frac{3}{2}xy^4$$

$$-\frac{9y^3}{8x^2}\times\square=\frac{3}{2}xy^4$$

$$\square=\frac{3xy^4}{2}\times\left(-\frac{8x^2}{9y^3}\right)$$

$$\square=-\frac{4}{3}x^3y$$

(4) $-7x^2\times\left(-\dfrac{1}{3xy^2}\right)\div\square=\dfrac{7}{9}xy$

$$\frac{7x}{3y^2}\times\frac{1}{\square}=\frac{7}{9}xy$$

$$\frac{1}{\square}=\frac{7xy}{9}\times\frac{3y^2}{7x}$$

$$\frac{1}{\square}=\frac{y^3}{3}$$

$$\square=\frac{3}{y^3}$$

7

2 | 式 の 計 算 ②

1 (1) 2　(2) 0　(3) 36　(4) $-\dfrac{1}{8}$　(5) -6

2 (1) $-4y+7$　(2) $\dfrac{2x+6y-11}{6}$

3 (1) $h=\dfrac{2S}{a}$　(2) $b=\dfrac{\ell}{2}-a$

(3) $b=3m-2a$

(4) $b=\dfrac{2S-ah}{h}\left(b=\dfrac{2S}{h}-a\right)$

4 (1) $b=\dfrac{a-r}{c}$　(2) $a=\dfrac{5m-2b}{3}$

(3) $h=\dfrac{S-2\pi r^2}{2\pi r}\left(h=\dfrac{S}{2\pi r}-r\right)$

(4) $a=\dfrac{75-b}{25}\left(a=3-\dfrac{b}{25}\right)$

解き方

1 (1) $5x-y-2(x-3y)=5x-y-2x+6y=3x+5y$

この式に $x=-\dfrac{1}{3}$, $y=\dfrac{3}{5}$ を代入して,

$3\times\left(-\dfrac{1}{3}\right)+5\times\dfrac{3}{5}=-1+3=2$

(2) $3(x-2y)+4(x+3y)-9$

$=3x-6y+4x+12y-9=7x+6y-9$

この式に $x=1$, $y=\dfrac{1}{3}$ を代入して,

$7\times1+6\times\dfrac{1}{3}-9=7+2-9=0$

(3) $(-ab)^3\div ab^2=-a^3b^3\times\dfrac{1}{ab^2}=-a^2b$

この式に $a=3$, $b=-4$ を代入して,

$-3^2\times(-4)=-9\times(-4)=36$

(4) $-2a^2b\times(3a^2b^2)^2\div(-6a^3b^4)$

$=-2a^2b\times9a^4b^4\div(-6a^3b^4)$

$=-2a^2b\times9a^4b^4\times\left(-\dfrac{1}{6a^3b^4}\right)$

$=3a^3b$

この式に $a=\dfrac{1}{2}$, $b=-\dfrac{1}{3}$ を代入して,

$3\times\left(\dfrac{1}{2}\right)^3\times\left(-\dfrac{1}{3}\right)=3\times\dfrac{1}{8}\times\left(-\dfrac{1}{3}\right)=-\dfrac{1}{8}$

(5) $-3a^2b^5\times12a^3b^2\div(-9a^3b^2)^2$

$=-3a^2b^5\times12a^3b^2\div81a^6b^4$

$=-3a^2b^5\times12a^3b^2\times\dfrac{1}{81a^6b^4}=-\dfrac{4b^3}{9a}$

この式に, $a=-2$, $b=-3$ を代入して,

$-\dfrac{4\times(-3)^3}{9\times(-2)}=-\dfrac{4\times(-27)}{-18}=-6$

2 (1) $A-3B=(3x-y+1)-3(x+y-2)$

$=3x-y+1-3x-3y+6=-4y+7$

(2) $\dfrac{A+B}{2}-\dfrac{2A-B}{3}=\dfrac{3(A+B)-2(2A-B)}{6}$

$=\dfrac{3A+3B-4A+2B}{6}=\dfrac{-A+5B}{6}$

$=\dfrac{-(3x-y+1)+5(x+y-2)}{6}$

$=\dfrac{-3x+y-1+5x+5y-10}{6}$

$=\dfrac{2x+6y-11}{6}$

> **！ ここに注意**　式に数値や式を代入する
> ときは, まず式を簡単にしてから(または, 代
> 入しやすい形に変形してから)代入する。

3 (1) $S=\dfrac{1}{2}ah$ の両辺を 2 倍して, $2S=ah$

等式の左右を入れかえて, $ah=2S$

両辺を a でわって, $h=\dfrac{2S}{a}$

(2) $\ell=2(a+b)$ の両辺を 2 でわって, $\dfrac{\ell}{2}=a+b$

等式の左右を入れかえて, $a+b=\dfrac{\ell}{2}$

a を右辺に移項して, $b=\dfrac{\ell}{2}-a$

(3) $m=\dfrac{2a+b}{3}$ の両辺を 3 倍して, $3m=2a+b$

等式の左右を入れかえて, $2a+b=3m$

$2a$ を右辺に移項して, $b=3m-2a$

(4) $S=\dfrac{1}{2}h(a+b)$ の両辺を 2 倍して,

$2S=h(a+b)$

かっこをはずして, $2S=ah+bh$

等式の左右を入れかえて, $ah+bh=2S$

ah を右辺に移項して, $bh=2S-ah$

両辺を h でわって, $b=\dfrac{2S-ah}{h}$

別解 $2S=h(a+b)$ から, $h(a+b)=2S$

両辺を h でわって, $a+b=\dfrac{2S}{h}$

a を右辺に移項して, $b=\dfrac{2S}{h}-a$

4 (1) (わられる数)＝(わる数)×(商)＋(余り) だから,

$a=bc+r$

これより, $bc=a-r$

両辺を c でわって, $b=\dfrac{a-r}{c}$

(2) 男子の合計点は $30a$ 点, 女子の合計点は $20b$ 点,

男女合わせた合計点は $50m$ 点だから,

$30a+20b=50m$

これより, $3a+2b=5m$　$3a=5m-2b$

両辺を 3 でわって, $a=\dfrac{5m-2b}{3}$

(3) 底面の円の面積は $\pi r^2\,\mathrm{cm^2}$, 側面を展開した長方形の面積が $2\pi r\times h=2\pi rh\,(\mathrm{cm^2})$ だから,

$S=2\pi r^2+2\pi rh$

これより, $2\pi rh=S-2\pi r^2$

両辺を $2\pi r$ でわって, $h=\dfrac{S-2\pi r^2}{2\pi r}$

(4) $a\%$ の食塩水 $100\mathrm{g}$ にふくまれる食塩の重さは,

$100\times\dfrac{a}{100}=a\,(\mathrm{g})$

7% の食塩水 $b\,\mathrm{g}$ にふくまれる食塩の重さは,

$b\times\dfrac{7}{100}=\dfrac{7b}{100}\,(\mathrm{g})$

混ぜ合わせた 3% の食塩水 $(100+b)\,\mathrm{g}$ にふくまれる食塩の重さは,

$(100+b)\times\dfrac{3}{100}=\dfrac{3(100+b)}{100}\,(\mathrm{g})$

よって, $a+\dfrac{7b}{100}=\dfrac{3(100+b)}{100}$

両辺を 100 倍して, $100a+7b=3(100+b)$

$100a=300-4b$　$25a=75-b$

両辺を 25 でわって, $a=\dfrac{75-b}{25}$

Step B　解答　本冊▶p.18〜p.19

1 (1) $\dfrac{1}{4}$　(2) -54　(3) $\dfrac{5}{27}$　(4) 180　(5) -23

2 (1) $b=4k$, $c=5k$　(2) $\dfrac{4}{5}$

3 (1) $y=\dfrac{3x+2}{2}\left(y=\dfrac{3}{2}x+1\right)$

(2) $x=\dfrac{yz}{y-z}$　(3) $b=\dfrac{2a-5c}{6}$

(4) $a=\dfrac{bx}{2b-x}$

4 (1) $y=\dfrac{143-6x}{7}$　(2) $x=\dfrac{ab-4a}{100-b}$

(3) $a=\dfrac{175t}{248S}$

解き方

1 (1) $\dfrac{5x-2y}{3}-\dfrac{4x-3y}{4}-\dfrac{x-y}{6}$

$=\dfrac{4(5x-2y)-3(4x-3y)-2(x-y)}{12}=\dfrac{6x+3y}{12}$

$=\dfrac{2x+y}{4}$

この式に, $x=-1$, $y=3$ を代入して,

$\dfrac{2\times(-1)+3}{4}=\dfrac{1}{4}$

(2) $\left(\dfrac{3}{4}a^3b\right)^3\times\left(-\dfrac{1}{9}ab^2\right)^2\div\left(-\dfrac{5}{128}a^7b^6\right)$

$=\dfrac{27a^9b^3}{64}\times\dfrac{a^2b^4}{81}\times\left(-\dfrac{128}{5a^7b^6}\right)$

$=-\dfrac{2}{15}a^4b$

この式に, $a=-3$, $b=5$ を代入して,

$-\dfrac{2}{15}\times(-3)^4\times5=-\dfrac{2}{15}\times81\times5=-54$

(3) $\left(-\dfrac{x^2y^3}{3}\right)^3\div\left(\dfrac{x^3y^6}{2}\right)\div(-x^2y)^2$

$=\left(-\dfrac{x^6y^9}{27}\right)\times\left(\dfrac{2}{x^3y^6}\right)\times\dfrac{1}{x^4y^2}=-\dfrac{2y}{27x}$

この式に $x=-2$, $y=5$ を代入して,

$-\dfrac{2\times5}{27\times(-2)}=\dfrac{5}{27}$

(4) $-(2ab)^4\times3a^3b\div(-2a^2b)^3$

$=-16a^4b^4\times3a^3b\div(-8a^6b^3)$

$=-48a^7b^5\div(-8a^6b^3)=6ab^2$

この式に $ab^2=30$ を代入して, $6\times30=180$

(5) $5B-3C-2\{A-2(B-C)\}$

$=5B-3C-2A+4B-4C$

$=-2A+9B-7C$

これに, A, B, C の式を代入する。

$-2A+9B-7C$

$=-2(7x^2+x-1)+9(x-2)-7(-2x^2+x+1)$

$=-23$

2 (1) $a=3k$ のとき $a:b=3:4$ なので,

$3k:b=3:4$　$3b=12k$　$b=4k$

同じようにして, $c=5k$

(2) (1) を利用して, $a=3k$, $b=4k$, $c=5k$ を式に代入すると,

$\dfrac{b^2+c^2-a^2}{2bc}=\dfrac{(4k)^2+(5k)^2-(3k)^2}{2\times4k\times5k}=\dfrac{32k^2}{40k^2}=\dfrac{4}{5}$

3 (1) $x:(y-1)=2:3$ より, $2(y-1)=3x$

かっこをはずして, $2y-2=3x$

-2 を右辺に移項して, $2y=3x+2$

両辺を 2 でわって, $y=\dfrac{3x+2}{2}$

(2) $\dfrac{1}{x}+\dfrac{1}{y}=\dfrac{1}{z}$ の両辺に xyz をかけて,

$\dfrac{xyz}{x}+\dfrac{xyz}{y}=\dfrac{xyz}{z}$, すなわち, $yz+xz=xy$

xz を右辺に移項して, $yz=xy-xz$

等式の左右を入れかえて, $xy-xz=yz$

左辺の $xy-xz$ は $x(y-z)$ のことだから,

$x(y-z)=yz$

$y \neq z$ なので両辺を $y - z$ でわって，$x = \dfrac{yz}{y - z}$

別解 $\dfrac{1}{x} + \dfrac{1}{y} = \dfrac{1}{z}$ より，$\dfrac{1}{x} = \dfrac{1}{z} - \dfrac{1}{y}$

右辺を通分して1つの分数にすると，

$\dfrac{1}{x} = \dfrac{1}{z} - \dfrac{1}{y} = \dfrac{y}{yz} - \dfrac{z}{yz} = \dfrac{y - z}{yz}$

両辺の逆数をとって，$x = \dfrac{yz}{y - z}$

(3) $c = \dfrac{2(a - 3b)}{5}$ の両辺を5倍して，

$5c = 2(a - 3b)$　$5c = 2a - 6b$

$-6b$ を左辺に，$5c$ を右辺に移項して，

$6b = 2a - 5c$

両辺を6でわって，$b = \dfrac{2a - 5c}{6}$

(4) $x = \dfrac{2ab}{a + b}$ の両辺に $a + b$ をかけて，

$x(a + b) = 2ab$　$ax + bx = 2ab$　$bx = 2ab - ax$

ここで，$2ab - ax = a(2b - x)$ となるので，

$a(2b - x) = bx$

両辺を $2b - x$ でわって，$a = \dfrac{bx}{2b - x}$

> ❗ **ここに注意**　問題文の「ただし，$x \neq 2b$」は，$x - 2b$ が0ではないことを表している。等式の両辺を0でわることはできないので，両辺を文字(式)でわるときはこのような但し書きが必要になる。

4 (1) ビーカー A，B の食塩水にふくまれる食塩の重さはそれぞれ $\left(300 \times \dfrac{x}{100}\right)$g，$\left(350 \times \dfrac{y}{100}\right)$g で，混ぜ合わせた11%の食塩水650g にふくまれる食塩の重さは $\left(650 \times \dfrac{11}{100}\right)$g である。

よって，$300 \times \dfrac{x}{100} + 350 \times \dfrac{y}{100} = 650 \times \dfrac{11}{100}$

これより，$300x + 350y = 7150$　$6x + 7y = 143$

y について解くと，$y = \dfrac{143 - 6x}{7}$

(2) 同じように，食塩の重さに着目して等式をつくると，$a \times \dfrac{4}{100} + x = (a + x) \times \dfrac{b}{100}$

これより，$4a + 100x = ab + bx$

$100x - bx = ab - 4a$　$(100 - b)x = ab - 4a$

両辺を $100 - b$ でわって，$x = \dfrac{ab - 4a}{100 - b}$

(3) 定価は $a \times 1.6 = \dfrac{8}{5}a$（円）で，$S \times \dfrac{5}{7} = \dfrac{5}{7}S$（個）売れた。定価の2割引きは $\dfrac{8}{5}a \times (1 - 0.2) = \dfrac{32}{25}a$（円）

で，残りの半分を売ったので売れた個数は，

$\dfrac{2}{7}S \times \dfrac{1}{2} = \dfrac{1}{7}S$（個）

さらに半額にしたので，$\dfrac{32}{25}a \times \dfrac{1}{2} = \dfrac{16}{25}a$（円）で，

$\dfrac{2}{7}S - \dfrac{1}{7}S = \dfrac{1}{7}S$（個）売ったので，

$t = \dfrac{8}{5}a \times \dfrac{5}{7}S + \dfrac{32}{25}a \times \dfrac{1}{7}S + \dfrac{16}{25}a \times \dfrac{1}{7}S$

$t = \dfrac{248}{175}aS$

両辺に175をかけて，$175t = 248aS$

$a = \dfrac{175t}{248S}$

3│ 式の計算の利用

1 連続した3つの整数のうち，いちばん小さい整数を n とすると，3つの連続した整数は n，$n + 1$，$n + 2$ と表される。

$n + (n + 1) + (n + 2) = 3n + 3 = 3(n + 1)$

$n + 1$ は整数だから，$3(n + 1)$ は3の倍数である。

よって，連続した3つの整数の和は3の倍数である。

2 m，n を整数とすると，奇数は $2m + 1$，偶数は $2n$ と表される。

$(2m + 1) + 2n = 2m + 2n + 1$

$= 2(m + n) + 1$

$m + n$ は整数だから，$2(m + n) + 1$ は奇数である。

よって，奇数と偶数の和は奇数である。

3 (1) $100a + 10b + c$　(2) $99a + 9b$

(3) $33a + 3b + k$

4 $M = 10c + d$ で，M は4の倍数であることから $10c + d = 4k$（k は自然数）とすると，

$N = 1000a + 100b + 10c + d$

$= 1000a + 100b + 4k = 4(250a + 25b + k)$

$250a + 25b + k$ は自然数だから，N は4の倍数である。よって，2けたの自然数 M が4の倍数ならば，N も4の倍数である。

5 (1) $\ell = \dfrac{\pi ar}{180}$　(2) $S = \dfrac{\pi ar^2}{360}$

(3) (1) より，$\dfrac{1}{2}\ell r = \dfrac{1}{2} \times \dfrac{\pi ar}{180} \times r = \dfrac{\pi ar^2}{360}$

(2) より，$S = \frac{1}{2}\ell r$ が成り立つ。

6 (1) $7m - 4$

(2) m 行目の3列目の数は $7m-4$，n 行目の5列目の数は $7n-2$ と表される。その和は，
$(7m-4)+(7n-2)=7m+7n-6$
$=7(m+n-1)+1$
$m+n-1$ は自然数だから，これは7でわると1余る数である。したがって，3列目に書かれた数と5列目に書かれた数との和を7でわった余りは1になる。

解き方

3 (2) $100a+10b+c=(99a+a)+(9b+b)+c$
$=99a+9b+(a+b+c)$
$a+b+c=3k$ なので，$99a+9b+3k$
よって $99a+9b$

(3) $99a+9b+3k=3\times33a+3\times3b+3\times k$
$=3(33a+3b+k)$
よって，$33a+3b+k$

5 (1) $\ell=2\pi r\times\dfrac{a}{360}=\dfrac{\pi a r}{180}$

(2) $S=\pi r^2\times\dfrac{a}{360}=\dfrac{\pi a r^2}{360}$

6 (1) 7列目の数が7の倍数であることに着目すると，m 行目の7列目の数は $7m$ と表される。m 行目の3列目の数は m 行目の7列目の数より4小さいので，$7m-4$

Step B **解答** 本冊▶p.22〜p.23

1 $(b+d)-(a+c)=11k$（k は整数）とすると，
$N=1000a+100b+10c+d$
$=1001a+99b+11c+11k$
$=11(91a+9b+c+k)$
ここで，$91a+9b+c+k$ は整数であるから，N は11の倍数である。

2 (1) $3:2$ (2) $3:2$

3 (1) A の一の位が2のとき，A の十の位の数を a とすると，
$A=2000+10a+2=10a+2002$
$B=2000+100a+2=100a+2002$
より，$B-A=90a$ となるが，a に0から9までのどの整数をあてはめても，$90a$ が自然数の2乗になることはない。

よって，一の位が2であるような自然数 A は「よい自然数」にはならない。

(2) 2031（または，2013，2046，2077）

4 (1) 400cm^2 (2) 91cm^2

(3) A を m 枚つないで B をつくったとすると，下方向に（ア）で m 枚，右方向に（イ）で $(m+4)$ 枚つながっている。
C の縦の長さは，$5m-(m-1)=4m+1$（cm）
C の横の長さは，$8(m+4)=8m+32$（cm）
C の周の長さは，
$\ell=2\{(4m+1)+(8m+32)\}$
$=24m+66=6(4m+11)$（cm）
$4m+11$ は自然数なので，ℓ は6の倍数である。したがって，右方向の列の数が下方向につないだ枚数より4だけ多いとき，ℓ は6の倍数になる。

(4) 15cm，22cm，23cm

解き方

1 $(b+d)-(a+c)=b+d-a-c$ だから，
$1000a+100b+10c+d$
$=(1001a-a)+(99b+b)+(11c-c)+d$
$=1001a+99b+11c+(b+d-a-c)$
$=1001a+99b+11c+11k$
$=11\times91a+11\times9b+11\times c+11\times k$
$=11(91a+9b+c+k)$

2 円柱の底面の半径（= 球の半径）を r とすると，円柱の高さ（= 球の直径）は $2r$ である。

(1) 円柱の体積 $=\pi r^2\times2r=2\pi r^3$
球の体積 $=\dfrac{4}{3}\pi r^3$
よって，求める比は，$2\pi r^3:\dfrac{4}{3}\pi r^3=3:2$

(2) 円柱の表面積 $=\pi r^2\times2+2\pi r\times2r=6\pi r^2$
球の表面積 $=4\pi r^2$
よって，求める比は，$6\pi r^2:4\pi r^2=3:2$

3 (2) A の十の位の数を a，一の位の数を b とすると，
$A=2000+10a+b$，$B=1000b+100a+2$
$b=0$ とすると，
$A=2000+10a$，$B=100a+2$ より，
$A-B=1998-90a=9(222-10a)$
$9=3^2$ だから，$A-B$ がある自然数の2乗になるためには $222-10a$ がある自然数の2乗にならなければならない。

$a=0 \sim 9$ でそのような整数 a はないので，
$b=0$ で「よい自然数」はない。
$b=1$ とすると，
$A=2000+10a+1$，$B=1000+100a+2$ より，
$A-B=999-90a=9(111-10a)$ なので $111-10a$
がある自然数の2乗になるときを考える。この
とき，$a=3$ とすると，$111-10a=81=9^2$ となり，
$A-B=3^2×9^2=27^2$ となり A は「よい自然数」と
なる。よって $A=2031$

別解 $b=3$ とすると $a=1$ のとき，$b=6$ とする
と $a=4$ のとき，$b=7$ とすると $a=7$ のとき A
は「よい自然数」となる。

4 (1) C は縦 $5×2=10$ (cm)，横 $8×5=40$ (cm) の長方
形になるから，面積は，
$10×40=400$ (cm²)
(2) 重なった部分は次の図の色のついた部分（幅が
1cm）だから，面積は，
$(5×3-2)×1×3+1×(8×4-3)×2-1×1×6$
$=91$ (cm²)

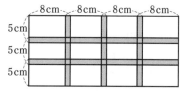

(4) C の横の長さとして考えられるものを小さい順
にあげると，8cm，15cm，16cm，22cm，23cm，
24cm，29cm，30cm，……となるので，同じ縦
の長さをつくることが可能かどうかを小さい順
に調べていくと，15cm，22cm，23cm，24cm，
29cm，30cm，……が可能であるとわかる。よって，
小さい順に3つあげると，15cm，22cm，23cm
となる。

Step C-① 解答　本冊▶p.24〜p.25

1 (1) $2ab^4$　(2) $\dfrac{7}{2}$　(3) $\dfrac{29}{26}$

2 ア…1000，イ…100，ウ…10，エ…99，
オ…11，カ…33，キ…12，ク…3300，
ケ…3201，コ…$2×3×5×7×11$

3 (1) B
理由…自然数 N の千の位の数を a，百の位
の数を b，十の位の数を c，一の位の数を
d とすると，
$N=1000a+100b+10c+d$ と表される。

$M=1000b+100c+10d+a$ だから，
$N+M=1001a+1100b+110c+11d$
　　　$=11(91a+100b+10c+d)$
よって，$N+M$ は 11 の倍数になるので，
正しく計算したのは 3938 と答えた B であ
る。
(2) $N=1267$，2176

4 (1) 2個　(2) 4個　(3) ア…$3n+3$，イ…$n+1$
(4) $x=58$，60，62

解き方

1 (1) $(3ab^2)^2÷6a-\left(-\dfrac{2b^2}{a}\right)^3÷\left(\dfrac{4b}{a^2}\right)^2$

$=9a^2b^4×\dfrac{1}{6a}-\left(-\dfrac{8b^6}{a^3}\right)×\dfrac{a^4}{16b^2}$

$=\dfrac{3}{2}ab^4+\dfrac{1}{2}ab^4=2ab^4$

(2) $\dfrac{x+4y}{6}-\dfrac{3x-2y}{4}=\dfrac{2(x+4y)-3(3x-2y)}{12}$

$=\dfrac{2x+8y-9x+6y}{12}=\dfrac{-7x+14y}{12}=\dfrac{1}{12}(-7x+14y)$

この式に $x=-\dfrac{3}{2}$，$y=\dfrac{9}{4}$ を代入して，

$\dfrac{1}{12}\left\{-7×\left(-\dfrac{3}{2}\right)+14×\dfrac{9}{4}\right\}=\dfrac{1}{12}×\left(\dfrac{21}{2}+\dfrac{63}{2}\right)$

$=\dfrac{1}{12}×42=\dfrac{7}{2}$

(3) $\dfrac{x}{2}=\dfrac{y}{3}=\dfrac{z}{4}$ より，$x:y:z=2:3:4$ とわかるから，
$x=2k$，$y=3k$，$z=4k$ $(k≠0)$ とおくと，

$\dfrac{x^2+y^2+z^2}{xy+yz+zx}=\dfrac{(2k)^2+(3k)^2+(4k)^2}{6k^2+12k^2+8k^2}=\dfrac{29k^2}{26k^2}$

$=\dfrac{29}{26}$

2 $k=3$ のとき，
$N=11(90a+9b+3)=33(30a+3b+1)$
よって，N は 33 の倍数。…カ
ここで，$a+c=b+d=3$ で，a は 0 ではないから，
a は 1，2，3 のいずれか，b は 0，1，2，3 のいず
れかである。したがって，a，b の組み合わせは，
$3×4=12$(通り)
それぞれの組み合わせに対して，N の値が 1 つずつ
決まるので，N の個数は 12 個。…キ
最大の N は，$a=b=3$ のときで，$c=d=0$ となる
から，
$N=3300$…ク
97 でわり切れるものは，$97=30×3+3×2+1$ な
ので，$a=3$，$b=2$ のときで，
$N=3201$…ケ

3 (2) $N + M = 1001a + 1100b + 110c + 11d$

$= 11(91a + 100b + 10c + d) = 3938$

だから，

$(91a + 100b + 10c + d) = 3938 \div 11 = 358$

ここで，$N + M$ の千の位が 3 で a，b は 0 ではないので，$a = 1$，$b = 2$ または $a = 2$，$b = 1$ のいずれかである。

$a = 1$，$b = 2$ のとき，

$91 \times 1 + 100 \times 2 + 10c + d = 358$

$10c + d = 67$

よって，$c = 6$，$d = 7$

$a = 2$，$b = 1$ のとき，

$91 \times 2 + 100 \times 1 + 10c + d = 358$

$10c + d = 76$

よって，$c = 7$，$d = 6$

したがって，$N = 1267$，2176

4 (1) 8 段目は左から ●●○●●○●● となっており，白い碁石は 2 個ある。

(2) 3 列目に注目すると，××●●○●●○… となるので，$(15 - 2) \div 3 = 4$ 余り 1

よって，4 個。

(3) n 段目から $(n+2)$ 段目までに，碁石は全部で，

$n + (n+1) + (n+2) = 3n + 3$（個）あり，白い碁石の個数はその $\frac{1}{3}$ で，$n+1$（個）である。

(4) x 段目に置かれている白い碁石の数は，

x が 3 の倍数のとき $\frac{x}{3}$ 個。

x が 3 でわると 1 余る数のときは，白い碁石からはじまるので，$\frac{x-1}{3} + 1 = \frac{x+2}{3}$（個）

x が 3 でわると 2 余る数のときは，黒い碁石からはじまるので，$\frac{x-2}{3}$（個）

それぞれのときに，白い碁石が 20 個になるのが何段目かを調べればいいので，

$\frac{x}{3} = 20$ より $x = 60$，$\frac{x+2}{3} = 20$ より $x = 58$，

$\frac{x-2}{3} = 20$ より $x = 62$ の 3 つである。

Step C-②　解答　　本冊▶p.26〜p.27

1 (1) -5　　(2) $\dfrac{5}{2}$

2 11%

3 (1) $P = 1000x + y$，$Q = 10y + x$

(2) $y = 489 - 91x$　　(3) 1398，3216

---

4 (1) ① (あ) …18，(い) …10

② ア…$n+1$，イ…$6n$，ウ…$2n^2 - 3n + 1$

(2) $(n^2 + 2n + 1)$ 個

解き方

1 (1) $\dfrac{x+y}{3} = \dfrac{x-y}{5}$ より，$5(x+y) = 3(x-y)$

$2x = -8y$　$x = -4y$

これより，

$\dfrac{x^2 + 4y^2}{xy} = \dfrac{(-4y)^2 + 4y^2}{(-4y) \times y} = \dfrac{20y^2}{-4y^2} = -5$

(2) $\dfrac{1}{x} + \dfrac{1}{y}$ の分母を通分して，$\dfrac{1}{x} + \dfrac{1}{y} = \dfrac{x+y}{xy}$

$\dfrac{x+y}{xy} = 2$ なので，両辺に xy をかけて，

$x + y = 2xy$

また，$\dfrac{4x - 3xy + 4y}{x+y} = \dfrac{4(x+y) - 3xy}{x+y}$

この式に $x + y = 2xy$ を代入して，

$\dfrac{4 \times 2xy - 3xy}{2xy} = \dfrac{5xy}{2xy} = \dfrac{5}{2}$

2 $a \times \dfrac{6}{100} + b \times \dfrac{14}{100} = (a + b) \times \dfrac{9}{100}$ より，

$6a + 14b = 9a + 9b$　$5b = 3a$　$b = \dfrac{3}{5}a$

6% の食塩水 b g と 14% の食塩水 a g を混ぜてできる食塩水の濃度を x% とすると，

$b \times \dfrac{6}{100} + a \times \dfrac{14}{100} = (b + a) \times \dfrac{x}{100}$ より，

$14a + 6b = (a + b)x$

この式に，$b = \dfrac{3}{5}a$ を代入して，

$14a + \dfrac{18}{5}a = \dfrac{8}{5}ax$　$88a = 8ax$　$x = 11$

よって，11% の食塩水ができる。

3 (1) 例えば，$P = 1234$ のとき，$x = 1$，$y = 234$ であるから，

$P = 1 \times 1000 + 234 = 1000x + y$

$Q = 2341 = 234 \times 10 + 1 = 10y + x$

(2) $P + Q = 5379$ より，$1001x + 11y = 5379$

両辺を 11 でわって，$91x + y = 489$

よって，$y = 489 - 91x$

(3) $y \geqq 100$ だから，$x = 1$，2，3，4

$x = 1$ のとき $y = 398$　よって，$P = 1398$

$x = 2$ のとき $y = 307$　よって，$P = 2307$

$x = 3$ のとき $y = 216$　よって，$P = 3216$

$x = 4$ のとき $y = 125$　よって，$P = 4125$

このうち，偶数のものは，$P = 1398$，3216

13

4 (1) ① $n=3$ のとき，長方形の頂点を除くと，縦に
$3-1=2$(個)，横に $2\times3-1=5$(個) 並んでいるので，
(あ)は，$(2+5)\times2+4=18$(個) … (あ)
(い)は，$2\times5=10$(個) … (い)

② ①より，
$n-1+2=n+1$…ア
$\{(n+1)+(2n-1)\}\times2=3n\times2=6n$…イ
長方形の周上および内部にある点から，CB 上と AB 上を除いた点の個数は，
$n\times2n=2n^2$(個)
ここから，残っている長方形の周上の点をひけばよいので，
$2n^2-(n+2n-1)=2n^2-3n+1$…ウ

別解 3年生で学習する，(多項式)×(多項式) の計算方法を知っていれば，長方形 OABC の内部にある格子点の個数は，
$(n+1)(2n+1)-6n=2n^2+n+2n+1-6n$
$=2n^2-3n+1$(個)
と求めることができる。

(2) 長方形 OABC の周上および内部にある格子点の個数は，
$6n+2n^2-3n+1=2n^2+3n+1$(個)
辺 OB 上には x 座標が偶数(0, 2, 4, ……, $2n$) のときのみ格子点があるから，$(n+1)$ 個ある。
これより，△OAB の周上および内部にある格子点の個数は，
$\{(2n^2+3n+1)+(n+1)\}\div2=n^2+2n+1$(個)

第2章　連立方程式
4│ いろいろな連立方程式

Step A　解答　　　本冊▶p.28〜p.29

1 (1) $x=4$, $y=-3$　(2) $x=-2$, $y=-4$
(3) $x=6$, $y=2$　(4) $x=2$, $y=-2$
(5) $x=5$, $y=7$　(6) $x=\dfrac{3}{4}$, $y=-1$

2 (1) $x=9$, $y=-6$　(2) $x=\dfrac{7}{25}$, $y=\dfrac{18}{25}$
(3) $x=6$, $y=2$　(4) $x=\dfrac{1}{3}$, $y=-\dfrac{1}{2}$

3 (1) A $=4$, B $=-6$　(2) $x=-1$, $y=5$

4 (1) $a=-2$, $b=-4$　(2) $a=\dfrac{1}{3}$, $b=\dfrac{3}{2}$

---

(3) $a=3$, $b=0$

解き方

1 (1) $2x+3y=-1$……①，$-4x-5y=-1$……②とする。①×2＋②より，$y=-3$
これを①に代入して，$2x-9=-1$　$2x=8$
$x=4$

(2) $x=2+y$……①，$9x-5y=2$……②とする。
①を②に代入して，$9(2+y)-5y=2$
$18+9y-5y=2$　$4y=-16$　$y=-4$
これを①に代入して，$x=2-4=-2$

(3) $x+2y=10$……①，$x:(y+2)=3:2$……②とする。②より，$2x=3(y+2)$　$2x-3y=6$……③
①×2－③より，$7y=14$　$y=2$
これを①に代入して，$x+4=10$　$x=6$

(4) 与えられた連立方程式より，$3x+y=4$……①，
$x-y=4$……②とする。
①＋②より，$4x=8$　$x=2$
これを①に代入して，$6+y=4$　$y=-2$

(5) $\dfrac{x+y}{3}=\dfrac{1+y}{2}$……①，$3x-2y=1$……②とする。
①の両辺を6倍して，$2(x+y)=3(1+y)$
$2x-y=3$……③
③×2－②より，$x=5$
これを②に代入して，$15-2y=1$　$-2y=-14$
$y=7$

> ⚠ ここに注意　係数に小数や分数がふくまれるときは，ふつう両辺を何倍かして係数を整数にして解く。

(6) $x+0.5y=0.25$……①，$\dfrac{1}{5}(x-3y)=\dfrac{3}{4}$……②とする。①の両辺を4倍して，$4x+2y=1$……③
②の両辺を20倍して，$4(x-3y)=15$
$4x-12y=15$……④
④－③より，$-14y=14$　$y=-1$
これを③に代入して，$4x-2=1$　$4x=3$　$x=\dfrac{3}{4}$

2 (1) $5x+7y=3$……①，$\dfrac{2}{3}x+\dfrac{1}{2}y=3$……②とする。
②の両辺を6倍して，$4x+3y=18$……③
①×3－③×7より，$-13x=-117$　$x=9$
これを①に代入して，$45+7y=3$　$7y=-42$
$y=-6$

(2) $79x+54y=61$……①，$21x+46y=39$……②とする。①＋②より，$100x+100y=100$

よって，$x+y=1$……③

① － ③ ×54 より，$25x=7$　$x=\dfrac{7}{25}$

③ ×79－① より，$25y=18$　$y=\dfrac{18}{25}$

(3) $5x-8y=14$……①，$\dfrac{3}{x}=\dfrac{1}{y}$……②とする。

②より，両辺の逆数をとって，$\dfrac{x}{3}=y$

これより，$x=3y$……③

③を①に代入して，

$15y-8y=14$　$7y=14$　$y=2$

これを③に代入して，$x=3\times2=6$

(4) $\dfrac{1}{x}=X$，$\dfrac{1}{y}=Y$とすると，方程式は，

$2X-3Y=12$……①，$5X+2Y=11$……②

① ×2＋ ② ×3 より，$19X=57$　$X=3$

これを①に代入して，$6-3Y=12$　$-3Y=6$

$Y=-2$

これより，$\dfrac{1}{x}=3$　$\dfrac{1}{y}=-2$とわかるので，

$x=\dfrac{1}{3}$，$y=-\dfrac{1}{2}$

3 (1) $3A-B=18$……①，$2A+3B=-10$……②とする。① ×3＋ ②より，$11A=44$　$A=4$

これを①に代入して，$12-B=18$　$B=-6$

(2) $x+y=4$……③，$x-y=-6$……④とする。

③ ＋ ④より，$2x=-2$　$x=-1$

これを③に代入して，$-1+y=4$　$y=5$

4 (1) $ax+2y=-b$ に $x=1$，$y=3$ を代入して，

$a+6=-b$

これより，$a+b=-6$……①

また，$2ay=-8x+b$ に $x=1$，$y=3$ を代入して，

$6a=-8+b$

これより，$6a-b=-8$……②

① ＋ ②より，$7a=-14$　$a=-2$

これを①に代入して，$-2+b=-6$　$b=-4$

(2) 同じ解を $x=m$，$y=n$ とすると，4 つの等式，

$-m+2n=-2$……①　　$am+bn=5$……②

$2m-3n=6$……③　　$am-bn=-1$……④

のすべてが成り立つ。

① ×2＋ ③より，$n=2$

これを①に代入して，$-m+4=-2$　$m=6$

これらを②，④に代入して，

$6a+2b=5$……②′，$6a-2b=-1$……④′

②′ ＋④′ より，$12a=4$　$a=\dfrac{1}{3}$

②′ －④′ より，$4b=6$　$b=\dfrac{3}{2}$

(3) 連立方程式①の解を $x=m$，$y=n$ とすると，連立方程式②の解は $x=n$，$y=m$ となるので，

$3m-n=7$……ア　　$am+n=5$……イ

$n+bm=-1$……ウ　　$3n+m=-1$……エ

のすべてが成り立つ。

ア ×3＋ エより，$10m=20$　$m=2$

これをアに代入して，$6-n=7$　$n=-1$

これらをイに代入して，$2a-1=5$　$a=3$

これらをウに代入して，$-1+2b=-1$　$2b=0$

$b=0$

Step B 解答

本冊▶p.30〜p.31

1 (1) $x=\dfrac{1}{27}$，$y=\dfrac{1}{28}$　(2) $x=4$，$y=-\dfrac{1}{2}$

(3) $x=2$，$y=4$　(4) $x=5$，$y=4$

(5) $x=8$，$y=\dfrac{19}{2}$　(6) $x=-\dfrac{5}{2}$，$y=-\dfrac{3}{2}$

(7) $x=\dfrac{1}{8}$，$y=\dfrac{1}{2}$　(8) $x=-\dfrac{47}{200}$，$y=\dfrac{53}{200}$

2 (1) $a=-2$，$b=-5$　(2) $a=-3$

(3) $a=\dfrac{1}{3}$　解は，$x=\dfrac{6}{5}$，$y=-\dfrac{7}{5}$

(4) $x=6$，$y=1$　(5) $a=-1$

解き方

1 (1) $9x+7y=\dfrac{7}{12}$……①，$27x+y=\dfrac{29}{28}$……②とする。

② ×7－①より，$180x=\dfrac{20}{3}$　$x=\dfrac{1}{27}$

これを①に代入して，$\dfrac{1}{3}+7y=\dfrac{7}{12}$　$7y=\dfrac{1}{4}$

$y=\dfrac{1}{28}$

(2) $\dfrac{1}{y}=Y$ とすると，方程式は，$2x+3Y=2$……①，

$3x+2Y=8$……②となる。①×2－②×3より，

$-5x=-20$　$x=4$

これを①に代入して，$8+3Y=2$　$Y=-2$

よって，$y=-\dfrac{1}{2}$

(3) $\dfrac{1}{5}(2x+1)-\dfrac{1}{6}y=\dfrac{1}{3}$ の両辺を 30 倍して，

$6(2x+1)-5y=10$　$12x-5y=4$……①

$0.1(0.2y-0.3x)=0.02$ のかっこをはずすと，

$0.02y-0.03x=0.02$ になるので，その両辺を 100

倍して，$2y-3x=2$……②

①＋②×4より，$3y=12$　$y=4$

これを①に代入して，$12x-20=4$　$x=2$

(4) $(x-1):(y-1)=4:3$ より，

$3(x-1)=4(y-1)$　$3x-4y=-1$……①

$\dfrac{1}{33}x+\dfrac{1}{22}y=\dfrac{1}{3}$ の両辺を 66 倍すると，

$2x+3y=22$……②

①×3＋②×4より，$17x=85$　$x=5$

これを①に代入して，$15-4y=-1$　$y=4$

(5) 各辺の逆数をとると，$\dfrac{x+2}{4}=\dfrac{y+3}{5}=\dfrac{x+y}{7}$ となるので，$\dfrac{x+2}{4}=\dfrac{y+3}{5}$……①，

$\dfrac{x+2}{4}=\dfrac{x+y}{7}$……②とする。

①の両辺を 20 倍して，$5(x+2)=4(y+3)$

$5x-4y=2$……①′

②の両辺を 28 倍して，$7(x+2)=4(x+y)$

$3x-4y=-14$……②′

①′－②′より，$2x=16$　$x=8$

これを①′に代入して，$40-4y=2$　$y=\dfrac{19}{2}$

別解 $\dfrac{4}{x+2}=\dfrac{5}{y+3}=\dfrac{7}{x+y}$ のとき，0 でない数 k を用いて，$x+2=4k$，$y+3=5k$，$x+y=7k$ とすることができる。

これより，$x=4k-2$，$y=5k-3$ だから，$(4k-2)$

$+(5k-3)=7k$ が成り立ち，$9k-5=7k$　$k=\dfrac{5}{2}$

よって，$x=4\times\dfrac{5}{2}-2=8$，$y=5\times\dfrac{5}{2}-3=\dfrac{19}{2}$

(6) $\dfrac{2x-1}{4}=\dfrac{2x+y+2}{3}$ より，両辺を 12 倍して，

$3(2x-1)=4(2x+y+2)$　$2x+4y=-11$……①

$\dfrac{2x+y+2}{3}=\dfrac{2x+y-1}{5}$ より，両辺を 15 倍して，

$5(2x+y+2)=3(2x+y-1)$

$4x+2y=-13$……②

①－②×2より，$-6x=15$　$x=-\dfrac{5}{2}$

これを①に代入して，$-5+4y=-11$　$y=-\dfrac{3}{2}$

(7) $\dfrac{x+y}{xy}=\dfrac{x}{xy}+\dfrac{y}{xy}=\dfrac{1}{y}+\dfrac{1}{x}$ であるから，

$\dfrac{1}{x}=X$，$\dfrac{1}{y}=Y$ とすると，方程式は，

$X+Y=10$……①，$X-Y=6$……②

①＋②より，$2X=16$　$X=8$　よって，$x=\dfrac{1}{8}$

①－②より，$2Y=4$　$Y=2$　よって，$y=\dfrac{1}{2}$

(8) $51x+49y=1$……①，$49x+51y=2$……②とする。

①＋②より，$100x+100y=3$

$x+y=\dfrac{3}{100}$……③

①－②より，$2x-2y=-1$　$x-y=-\dfrac{1}{2}$……④

③＋④より，$2x=-\dfrac{47}{100}$　$x=-\dfrac{47}{200}$

③－④より，$2y=\dfrac{53}{100}$　$y=\dfrac{53}{200}$

2 (1) 同じ解を $x=m$，$y=n$ とすると，4 つの等式，

$3m-4n=14$……①，$am+bn=29$……②

$m-2n=8$……③，$2am-bn=-17$……④

のすべてが成り立つ。

①－③×2より，$m=-2$

これを①に代入して，$-6-4n=14$　$n=-5$

これらを②，④に代入すると，

$-2a-5b=29$……②′，$-4a+5b=-17$……④′

②′＋④′より，$-6a=12$　$a=-2$

これを②′に代入して，$4-5b=29$　$b=-5$

(2) 連立方程式の解を，$x=m$，$y=2m$ とおくと，

$2x+y=5a-13$ より，$2m+2m=5a-13$

$5a-4m=13$……①

$3x-2y=-2a+1$ より，$3m-4m=-2a+1$

$2a-m=1$……②

が成り立つ。

① － ② ×4 より， $-3a=9$　$a=-3$

(3) 連立方程式の解を $x=m$，$y=n$ とすると，

$2m+n=1$……①　$\dfrac{m}{4}-\dfrac{n}{2}=3a$……②

$3m-n=5$……③

のすべてが成り立つ。

① ＋ ③より，$5m=6$，$m=\dfrac{6}{5}$

これを①に代入して，$\dfrac{12}{5}+n=1$　$n=-\dfrac{7}{5}$

これらを②に代入して，$\dfrac{3}{10}+\dfrac{7}{10}=3a$　$a=\dfrac{1}{3}$

(4) $x=1$，$y=6$ をまちがえて解いた連立方程式に代入して，

$b+6a=8$……①，$b-12a=-4$……②

① － ②より，$18a=12$　$a=\dfrac{2}{3}$

これを①に代入して，$b+4=8$　$b=4$

よって，正しい連立方程式は，

$\dfrac{2}{3}x+4y=8$……③，$\dfrac{2}{3}x-8y=-4$……④

となり，③ － ④より，$12y=12$　$y=1$

これを③に代入して，$\dfrac{2}{3}x+4=8$　$x=6$

(5) $2x-y=17$ より，$y=2x-17$

これを $ax+y=20$ に代入して，$ax+2x-17=20$

$(a+2)x=37$　$x=\dfrac{37}{a+2}$

ここで，x が自然数になるためには，$a+2$ が37
の（正の）約数であることが必要なので，

$a+2=1$ または $a+2=37$

よって，$a=-1$，35

$a=-1$ のとき，$x=37$，$y=2\times37-17=57$ とな
るが，$a=35$ のとき，$x=1$，$y=2\times1-17=-15$
となり，y が自然数にならないから問題に適さな
い。したがって，求める a の値は，$a=-1$

5│連立方程式の利用　①

Step A　解答　本冊 ▶ p.32～p.33

1 (1) $(x+100)$ 人

(2) ① $x+70+y+100$

② $3(x+100)-4(y+70)$

(3) 男子の自転車を利用する生徒…250 人

女子の自転車を利用しない生徒…180 人

2 120 円のりんごを x 個，100 円のりんごを y

個買ったとすると，80 円のりんごは $3x$ 個買
ったことになるので，

個数について，$x+y+3x=17$　$4x+y=17$

代金について，$120x+100y+80\times3x=1580$

$360x+100y=1580$

よって，$\begin{cases} 4x+y=17 & \text{……①} \\ 360x+100y=1580 & \text{……②} \end{cases}$

②より，$18x+5y=79$……③

① ×5－ ③より，$2x=6$　$x=3$

これを①に代入して，$12+y=17$　$y=5$

したがって，120 円のりんごを 3 個，100 円の
りんごを 5 個，80 円のりんごを 9 個買ったこ
とがわかる。

3 ほうれん草を x g，ごまを y g 使うとすると，

食事全体の量について，$x+y=83$

カロリーについて，$\dfrac{54}{270}x+\dfrac{60}{10}y=63$

よって，$\begin{cases} x+y=83 & \text{……①} \\ \dfrac{54}{270}x+\dfrac{60}{10}y=63 & \text{……②} \end{cases}$

②より，$\dfrac{1}{5}x+6y=63$　$x+30y=315$……③

③ － ①より，$29y=232$　$y=8$

これを①に代入して，$x+8=83$　$x=75$

したがって，ほうれん草を 75g，ごまを 8g 使
えばよい。

4 道のりについて，$x+y=3600$

時間について，$\dfrac{x}{80}+5+\dfrac{y}{480}=20$　$\dfrac{x}{80}+\dfrac{y}{480}=15$

よって，

$\begin{cases} x+y=3600 & \text{……①} \\ \dfrac{x}{80}+\dfrac{y}{480}=15 & \text{……②} \end{cases}$

②より，$6x+y=7200$……③

③ － ①より，$5x=3600$　$x=720$

これを①に代入して，$720+y=3600$

$y=2880$

したがって，あおいさんの自宅からバス停ま
での道のりは 720m，バス停から駅までの道の
りは 2880m である。

5 277

解き方

1 (1) 男子が x 人，女子が 100 人だから，合わせて
$x+100$（人）

17

(2) 与えられた数字が何を表しているのか考える。

　① 600 は，全校生徒数と同じだから，
　$x+70+y+100=600$

　② 50 は，自転車を利用する生徒数の 3 倍と自転車を利用しない生徒数の 4 倍との差と同じだから，$3(x+100)-4(y+70)=50$

(3) (2)の①より，$x+y=430$……㋐
　(2)の②より，$3x-4y=30$……㋑
　㋐×4＋㋑より，$7x=1750$　$x=250$
　これを㋐に代入して，$250+y=430$　$y=180$

5 N の十の位の数と一の位の数を a，百の位の数を b とすると，M は百の位の数と十の位の数が a，一の位の数が b となる。

N のすべての位の数の合計が 16 だから，
$a+a+b=16$
これより，$2a+b=16$……①
また，$N=100b+10a+a=11a+100b$，
$M=100a+10a+b=110a+b$ と表すことができるから，$M-N=(110a+b)-(11a+100b)=495$ より，
$99a-99b=495$　$a-b=5$……②
①＋②より，$3a=21$　$a=7$
これを②に代入して，$7-b=5$　$b=2$
よって，$N=277$

Step B　解答　本冊 ▶ p.34～p.35

1 4個

2 (1) $y=\dfrac{3}{2}x-10$　(2) 66 点　(3) $x=40$，$y=50$

3 (1) 7 個　(2) 新聞紙…190kg，雑誌…180kg

4 673

5 $x=18$，$y=4$

解き方

1 はじめに買う予定であったりんごの個数を x 個，みかんの個数を y 個とすると，
予想していた代金について，
$150x+100y=1500$……①
取りちがえて買った代金について，
$150y+100x=1500+250$……②
①より $3x+2y=30$……③
②より，$2x+3y=35$……④
③×3－④×2より，$5x=20$　$x=4$
よって，はじめに買う予定であったりんごの個数は 4 個。

2 (1) $x=\dfrac{2}{3}(y+10)$ より，$3x=2(y+10)$
　$3x=2y+20$　$2y=3x-20$　$y=\dfrac{3}{2}x-10$

(2) 参加者全体の人数は，$x+y+10$ なので，(1)の式を代入して，
$x+\left(\dfrac{3}{2}x-10\right)+10=\dfrac{5}{2}x$（人）
参加者全体の得点の合計は，$60x+70y+70\times10$ なので，(1)の式を代入して，
$60x+70\left(\dfrac{3}{2}x-10\right)+700=165x$（点）
よって，参加者全体の平均点は，
$165x\div\dfrac{5}{2}x=66$（点）

(3) A 中学校の平均が 72 点，B 中学校の平均が 65 点であったとすると，
$72x+65\left(\dfrac{3}{2}x-10\right)+700=69\times\dfrac{5}{2}x$
$72x+\dfrac{195}{2}x-650+700=\dfrac{345}{2}x$　$-3x=-50$
$x=\dfrac{50}{3}$ となり，x の値が自然数にならないから問題に合わない。
A 中学校の平均が 65 点，B 中学校の平均が 72 点であったとすると，
$65x+72\left(\dfrac{3}{2}x-10\right)+700=69\times\dfrac{5}{2}x$
$65x+108x-720+700=\dfrac{345}{2}x$　$\dfrac{1}{2}x=20$　$x=40$
このとき，$y=\dfrac{3}{2}\times40-10=50$ となり，問題に合うので，$x=40$，$y=50$

3 (1) $23\div10=2$ 余り 3，$36\div12=3$，
$32\div15=2$ 余り 2 より，$2+3+2=7$（個）

(2) 新聞紙を x kg，雑誌を y kg（ただし，x は 10 の倍数で，y は 15 の倍数）とすると，
重さの合計について，
$x+108+y=478$……①
交換できるトイレットペーパーの数について，
$\dfrac{x}{10}+\dfrac{108}{12}+\dfrac{y}{15}=40$……②
①より，$x+y=370$……③
②より，$3x+2y=930$……④
④－③×2より，$x=190$
これを③に代入して，$190+y=370$　$y=180$
これらは，x が 10 の倍数，y が 15 の倍数であるから問題に合う。よって，新聞紙は 190kg，雑誌は 180kg である。

<table>
<tr><td>

> 💡 **ここに注意**　問題文の「ある月の，トイレットペーパーと交換した古紙の重さの合計は478 kg」とあるので，不足なく交換したと考える。

4 N の百の位の数を x，十の位と一の位が表す 2 けたの数を y とすると，$y = 12x + 1$ ……①

N を 100 でわった余りは y だから，$N = 100x + y$ であり，置きかえてできる数は $10y + x$ だから，

$10y + x = 100x + y + 63$ ……②

②より，$99x - 9y = -63$　$11x - y = -7$ ……③

この式に①を代入して，

$11x - (12x + 1) = -7$　$x = 6$

これを①に代入して，$y = 12 \times 6 + 1 = 73$

よって，$N = 673$

5 先生がはじめの 6 人を降ろした地点を P，残りの 6 人を乗せた地点を Q とする。

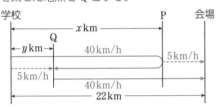

車が「学校→ P → Q」と進む間に，残りの 6 人が「学校→ Q」と進んでいるから，先生と残りの 6 人の移動した時間について，$\dfrac{2x - y}{40} = \dfrac{y}{5}$ ……①

また，全員が同時に会場に着いたことから，

はじめの 6 人と残りの 6 人の移動した時間について，$\dfrac{x}{40} + \dfrac{22 - x}{5} = \dfrac{y}{5} + \dfrac{22 - y}{40}$ ……②

①より，$2x - y = 8y$　$y = \dfrac{2}{9}x$ ……③

②より，$x + 8(22 - x) = 8y + (22 - y)$

$x + y = 22$ ……④

③を④に代入して，$x + \dfrac{2}{9}x = 22$　$x = 18$

これを③に代入して，$y = \dfrac{2}{9} \times 18 = 4$

6│連立方程式の利用 ②

Step A　**解答**　本冊▶p.36～p.37

1 (1) $\begin{cases} x + y = 365 \\ 0.8x + 0.6y = 257 \end{cases}$

(2) 男子…190 人，女子…175 人

</td><td>

2 男子…672 人，女子…345 人

3 $x = 3750$，$y = 2780$

4 (1) 鉛筆…$0.4x$ 本，ボールペン…$0.6y$ 本

(2) A 君

鉛筆…10 本，ボールペン…9 本

B 君

鉛筆…15 本，ボールペン…6 本

5 $x = 300$，$y = 500$

6 $x = 7$，$y = 12$

解き方

1 (1) 男女合わせて 365 人だから，

$x + y = 365$ ……①

運動部に所属している人数が 257 人だから，

$0.8x + 0.6y = 257$ ……②

(2) ②×10 － ①×6 より，$2x = 380$　$x = 190$

これを①に代入して，$190 + y = 365$　$y = 175$

よって，男子の生徒数は 190 人，女子の生徒数は 175 人である。

2 昨年の男子の生徒数を x 人，女子の生徒数を y 人とすると，$x + y = 1000$ ……①

また，今年の生徒数から，

$0.96x + 1.15y = 1000 + 17$ ……②

②より，$96x + 115y = 101700$ ……③

①より，$115x + 115y = 115000$ ……④

④－③より，$19x = 13300$　$x = 700$

これを①に代入して，$700 + y = 1000$　$y = 300$

よって，今年の生徒数は，

男子が $700 \times 0.96 = 672$（人）

女子が $300 \times 1.15 = 345$（人）

> 💡 **ここに注意**　今年の男子の生徒数を x 人，女子の生徒数を y 人とすると，連立方程式は，
>
> $x + y = 1017$，$\dfrac{100}{96}x + \dfrac{100}{115}y = 1000$
>
> となるので，昨年の生徒数を x，y とするほうが解きやすい。

別解 今年の増えた生徒数について，

$\dfrac{15}{100}y - \dfrac{4}{100}x = 17$ が成り立つので，

$\begin{cases} x + y = 1000 \\ \dfrac{15}{100}y - \dfrac{4}{100}x = 17 \end{cases}$ の連立方程式を解いて求める

こともできる。

</td></tr>
</table>

19

3 昨年の A 町の人口は $0.96x$ 人，B 町の人口は $(y+120)$ 人だから，

$0.96x+(y+120)=6500\cdots\cdots①$

今年の A 町の人口は $(0.96x-76)$ 人，B 町の人口は $1.08(y+120)$ 人だから，

$(0.96x-76)-1.08(y+120)=392\cdots\cdots②$

①より，$0.96x+y=6380\cdots\cdots③$

②より，$0.96x-1.08y=597.6\cdots\cdots④$

③－④より，$2.08y=5782.4$　$y=2780$

これを③に代入して，$0.96x+2780=6380$

$x=3750$

4 (1) 全体の鉛筆の本数の 4 割と，全体のボールペンの本数の 6 割を持っていたのだから，鉛筆を $0.4x$ 本，ボールペンを $0.6y$ 本持っていたことになる。

(2) (1)より，B 君が持っていた鉛筆は $0.6x$ 本，ボールペンは $0.4y$ 本である。全体の鉛筆とボールペンを合わせた本数が 40 本なので，

$x+y=40\cdots\cdots①$

A 君はボールペンを 2 本渡し，B 君が持っていた鉛筆の 2 割の本数をもらったから，A 君が持っている鉛筆とボールペンの本数の合計は，

$0.4x+0.6x\times0.2+0.6y-2=0.52x+0.6y-2(本)$

B 君はボールペンを 2 本もらい，持っていた鉛筆の 2 割の本数を渡したから，B 君の持っている鉛筆とボールペンの本数の合計は，

$0.6x(1-0.2)+0.4y+2=0.48x+0.4y+2(本)$

これらの本数が等しいから，

$0.52x+0.6y-2=0.48x+0.4y+2\cdots\cdots②$

②より，$x+5y=100\cdots\cdots③$

③－①より，$4y=60$　$y=15$

これを①に代入して，$x+15=40$　$x=25$

よって，A 君が持っていた鉛筆は，

$25\times0.4=10(本)$

A 君が持っていたボールペンは，$15\times0.6=9(本)$

B 君が持っていた鉛筆は，$25-10=15(本)$

B 君が持っていたボールペンは，$15-9=6(本)$

5 食塩水全体の重さの関係より，

$x+y=800\cdots\cdots①$

ふくまれている食塩の重さの関係より，

$\dfrac{15}{100}x+\dfrac{7}{100}y=800\times\dfrac{10}{100}\cdots\cdots②$

②の両辺を 100 倍して，$15x+7y=8000\cdots\cdots③$

③－①×7 より，$8x=2400$　$x=300$

これを①に代入して，$300+y=800$　$y=500$

別解 ②は，$\dfrac{15}{100}x+\dfrac{7}{100}y=\dfrac{10}{100}(x+y)$ として考える。この式より，$15x+7y=10x+10y$　$5x=3y$

よって，$x:y=3:5$ とわかるので 800 を $3:5$ に分けると考えて，$x=300$　$y=500$

6 それぞれの混ぜ方について，食塩の重さに着目して方程式をつくると，

$300\times\dfrac{x}{100}+200\times\dfrac{y}{100}=500\times\dfrac{9}{100}$

これより，$3x+2y=45\cdots\cdots①$

また，$300\times\dfrac{2x}{100}+200\times\dfrac{9}{100}=500\times\dfrac{y}{100}$

これより，$6x+18=5y$　$6x-5y=-18\cdots\cdots②$

①×2－②より，$9y=108$　$y=12$

これを①に代入して，$3x+24=45$　$x=7$

Step B 〔解答〕　本冊▶p.38〜p.39

1 A…420 個，B…480 個

求め方…仕入れた A，B の個数をそれぞれ a 個，b 個とすると，1 日目に売れた A と B の総数より，$0.75a+0.3b=\dfrac{1}{2}(a+b)+9\cdots\cdots①$

また，2 日目に売れた A と B の総数より，

$(1-0.75)a+(1-0.3)b\times\dfrac{1}{2}=273\cdots\cdots②$

①より，$15a+6b=10(a+b)+180$

$5a-4b=180\cdots\cdots③$

②より，$0.25a+0.35b=273$

$5a+7b=5460\cdots\cdots④$

④－③より，$11b=5280$　$b=480$

これを③に代入して，$5a-1920=180$

$a=420$

よって，A を 420 個，B を 480 個仕入れた。

2 8 人

3 $x=850$，$y=720$

4 (1) $(4x+y)$ g　(2) $\dfrac{4x+36y}{5}$ g

(3) $x=1$，$y=10$

5 $x=36$，$y=45$

求め方…配られた赤球と青球の総数は 108 個で，配られた赤球は配られた青球より 18 個多かったことから，配られた赤球は 63 個，青球は 45 個とわかるから，

$0.75x+0.8y=63\cdots\cdots①$

$0.5x+0.6y=45\cdots\cdots②$

① ×3− ② ×4 より，$0.25x=9$　$x=36$
これを①に代入して，$27+0.8y=63$　$y=45$
（このとき，男子の 75%，女子の 80%，男子
の 50%，女子の 60%はすべて自然数になるか
ら，問題に適する。）

6 1500 人

解き方

2 停留所 B で乗車した人数を x 人，停留所 B で降り
た人数を y 人とする。
乗車人数の関係から，$12+x-y=17$……①
B 駅で降りた y 人は 110 円を支払い，B 駅から乗車
した x 人は 130 円支払い，また，B 駅で降りなかっ
た $(12-y)$ 人は 170 円支払ったから，
$110y+130x+170(12-y)=2900$……②
①より，$x-y=5$……③
②より，$13x-6y=86$……④
④ − ③ ×6 より，$7x=56$　$x=8$
よって，停留所 B で乗車した人数は 8 人。

3 製品をつくるのにかかった金額から，
$54x+49y=81180$……①
不良品の個数の関係から，$0.04x=0.05y-2$
$4x-5y=-200$……②
①×5+②×49 より，$466x=396100$　$x=850$
これを②に代入して，$3400-5y=-200$　$y=720$
（このとき，$0.04x$，$0.05y$ はともに自然数になるから，
問題に適する。）

⚠ **ここに注意**　求めた解が，問題文に適
しているのかどうか確認する。

4 (1) はじめ，容器 A の食塩水にふくまれている食塩
の重さは，$400×\dfrac{x}{100}=4x$ (g)
容器 B から容器 A に移した食塩水 100g にふく
まれる食塩の重さは $100×\dfrac{y}{100}=y$ (g) だから，
$4x+y$ (g)

(2) 容器 A から容器 B に戻した 100g は，そのとき
容器 A に入っていた食塩水（$=500$g）の $\dfrac{1}{5}$ だか
ら，食塩も $(4x+y)$ g の $\dfrac{1}{5}$ が B に戻される。これ
より，容器 B にふくまれる食塩の重さは，
$700×\dfrac{y}{100}+\dfrac{1}{5}(4x+y)=\dfrac{4x+36y}{5}$ (g)

(3) 入れかえたあとの容器 A，B それぞれの食塩の

重さについて，
$\dfrac{4}{5}(4x+y)=400×\dfrac{2.8}{100}$……①
$\dfrac{4x+36y}{5}=800×\dfrac{9.1}{100}$……②
①より，$4x+y=14$……③
②より，$x+9y=91$……④
④−③×9 より，$-35x=-35$　$x=1$
これを③に代入して，$4+y=14$　$y=10$

5 別解 赤玉の個数は，$0.75x+0.8y$（個）
青玉の個数は，$0.5x+0.6y$（個）である。
赤玉と青玉の総数について，
$0.75x+0.8y+0.5x+0.6y=108$……①
赤玉と青玉の個数の差について，
$(0.75x+0.8y)-(0.5x+0.6y)=18$……②
①より，$25x+28y=2160$……③
②より，$5x+4y=360$……④
③−④×5 より，$8y=360$　$y=45$
これを④に代入して，$5x+180=360$　$x=36$

6 9 月に入館した男性の人数を x 人，女性の人数を y
人とする。
9 月の人数より，$x+y=3300$……①
10 月の入館者数は，$3399÷1.03=3300$（人）だから，
9 月の人数と同じである。
10 月の入館者の増減より，
$-0.06x+0.05y=0$　$-6x+5y=0$……②
①×5−②より，$11x=16500$　$x=1500$
よって，9 月に入館した男性の人数は，1500 人。
別解 $0.94x+1.05y=3300$……②
①×105−②×100 より，$11x=16500$　$x=1500$

Step C-①　**解答**　本冊▶p.40〜p.41

1 (1) $x=-9$，$y=-4$　　(2) $x=5$，$y=3$
2 (1) $x=3$，$y=2$　　(2) $a=4$，$b=-3$
3 $a=2$，$b=-7$，$c=3$
4 A…時速 5.4km，B…時速 3km
5 (1) 13cm，B　　(2) 26cm
　　(3) ① $x=49$，$y=51$　　② C または F

解き方

1 (1) $x-y=a$，$x-5=b$ とすると，
$3a-2b=13$……①　$4a-b=-6$……②
①−②×2 より，$-5a=25$　$a=-5$
これを②に代入して，$-20-b=-6$　$b=-14$

21

よって，$x-y=-5$……③　$x-5=-14$……④
④より，$x=-9$　これを③に代入して，$y=-4$

(2) $\dfrac{1}{x+y}=a$，$\dfrac{1}{x-y}=b$ とすると，

$a+b=\dfrac{5}{8}$……①　$a-b=-\dfrac{3}{8}$……②

①＋②より，$2a=\dfrac{1}{4}$　$a=\dfrac{1}{8}$

①－②より，$2b=1$　$b=\dfrac{1}{2}$

よって，$\dfrac{1}{x+y}=\dfrac{1}{8}$ より，$x+y=8$……③

$\dfrac{1}{x-y}=\dfrac{1}{2}$ より，$x-y=2$……④

③＋④より，$2x=10$　$x=5$
これを③に代入して，$y=3$

2 (1) 連立方程式①の解を $x=m$，$y=n$ とすると，連立方程式②の解は $x=m$，$y=2m+n$ となる。
それぞれの方程式にこれらを代入すると，

$$\begin{cases} -bm+5n=4a+3\cdots\cdots ⑦ \\ 5m-6n=3\cdots\cdots ⑦ \end{cases}$$

$$\begin{cases} -3m+2(2m+n)=7\cdots\cdots ⑨ \\ am+b(2m+n)=-12\cdots\cdots ⑤ \end{cases}$$

のすべてが成り立つ。
⑨より，$m+2n=7$……㋐
㋑＋㋐×3より，$8m=24$　$m=3$
これを㋐に代入して，$3+2n=7$　$n=2$

(2) $m=3$，$n=2$ を㋐と㋔にそれぞれ代入すると，
　$-3b+10=4a+3$……㋕　$3a+8b=-12$……㋖
㋕より，$4a+3b=7$……㋗
㋖×4－㋗×3より，$23b=-69$　$b=-3$
これを㋖に代入して，$3a-24=-12$　$a=4$

3 A さんの解を方程式に代入すると，
$5a-2b=24$……①　$5c+4=19$……②
B さんは c を d と書き間違えて方程式を解いたとして，B さんの解を方程式に代入すると，
$\dfrac{17}{2}a-b=24$……③　$\dfrac{17}{2}d+2=19$……④
①，②，③，④すべての式が成り立つので，
①－③×2より，$-12a=-24$　$a=2$
これを①に代入して，$10-2b=24$　$b=-7$
また，②より，$5c=15$　$c=3$
（④より，$\dfrac{17}{2}d=17$　$d=2$）

4 最初に出会うまでの A，B の歩く速さを，それぞれ時速 x km，時速 y km とする。出会ってから A は速さを変えず，B は速さを 1.2 倍にしたので，それ

ぞれ時速 x km，時速 1.2y km となる。
最初に出会うまで 30 分（＝$\dfrac{1}{2}$ 時間）かかったので，

$\dfrac{1}{2}(x+y)=4.2$　$x+y=8.4$……①

A が B に追いつくまでに 140 分（＝$\dfrac{7}{3}$ 時間）かかっ

たので，$\dfrac{7}{3}(x-1.2y)=4.2$　$x-1.2y=1.8$……②

①－②より，$2.2y=6.6$　$y=3$
これを①に代入して，$x+3=8.4$　$x=5.4$
よって，最初に点 P を出発したときの A の歩く速さは時速 5.4km，B の歩く速さは時速 3km。

┌─────────────────────────────┐
❗ ここに注意　2 人が同時にスタートした場合，次の式が成り立つ。
㋐池の周りを反対方向に進むとき，
　出会うまでの時間 ×2 人の速さの和 ＝ 一周の長さ
㋑池の周りを同じ方向に進むとき，
　追いついた時間 ×2 人の速さの差 ＝ 一周の長さ
└─────────────────────────────┘

5 (1) 点 P が動いた距離は $3\times3+2\times2=13$（cm）
一周は 6cm なので，$13\div6=2$ 余り 1 より，2 周と 1cm 動いたところになる。よって，最後にとまった頂点は B。

(2) 硬貨を 10 回投げ終えたとき，点 P は最小で $2\times9+3=21$（cm），最大で $3\times9+2=29$（cm）動く。n を整数とすると，点 P が C に止まるのは，n 周 ＋2（cm）つまり，$6n+2$（cm）動いたときだから，あてはまるのは 26cm。

(3) ①(2)と同様に，D で止まるのは，点 P が $6n+3$（cm）動いたときだから，250cm に最も近く動いた距離は，$249(=6\times41+3)$cm と考えられる。
このとき，
投げた回数について，$x+y=100$……㋐
動いた距離について，$3x+2y=249$……㋑
㋐×3－㋑より，$y=51$
これを㋐に代入して，$x+51=100$　$x=49$
②点 P が動いた距離を d cm とすると，
$d=3x+2y$ だから，$3x-y+4=0$
つまり $3x=y-4$ が成り立つとき，
$d=y-4+2y=3y-4=3(y-2)+2$ となる。
ここで，$y-2$ は整数だから，d は「3 でわると 2 余る数」であり，3 でわると 2 余る数は 6 でわると 2 または 5 余るので，P は C または F に止まることになる。

1 (1) $a=2$, $b=4$　(2) $x=24$, $y=90$, $z=6$

2 (1) $x=72$, $y=30$

求め方…登りの速さと下りの速さを，それぞれ $5a$, $6a$ とすると，
家から峠 Q までの道のりは $5a\times x=5ax$，
峠 Q から P 地までの道のりは
$6a\times y=6ay$ となる。行きの時間について，
$x+y=102$……①
帰りの時間について，
$5ax\div 6a+6ay\div 5a=96$
$\dfrac{5}{6}x+\dfrac{6}{5}y=96$……②
①$\times 36-$②$\times 30$ より，$11x=792$　$x=72$
これを①に代入して，$72+y=102$　$y=30$

(2) 3600m

3 (1) $\left(\dfrac{1}{25}x+\dfrac{1}{10}y\right)$g

(2) $\left(8-\dfrac{1}{50}x+\dfrac{1}{20}y\right)$g,
$\left(10-\dfrac{1}{40}x+\dfrac{1}{40}y\right)$g

(3) $x=150$, $y=50$

4 (1) ㋐ 5　㋑ 60　㋒ 38
(2) ㋓ 38　㋔ 3　㋕ 4　㋖ 120　㋗ 32　㋘ 6

解き方

1 (1) 上の連立方程式の解を $x=m$, $y=n$ とすると，下の連立方程式の解は $x=n$, $y=m$ となる。
それぞれの方程式に解を代入すると，
$-m+5n=28$……①　$am-3n=-21$……②
$5n+bm=13$……③　$2n-7m=31$……④
のすべての方程式が成り立つので，
①$\times 7-$④より，$33n=165$　$n=5$
これを①に代入して，$-m+25=28$　$m=-3$
$m=-3$, $n=5$ を②，③にそれぞれ代入して，
②より，$-3a-15=-21$　$a=2$
③より，$25-3b=13$　$b=4$

(2) $4x-y-z=0$……①，$5x-2y+10z=0$……② とすると，①$\times 2-$②より，$3x-12z=0$　$z=\dfrac{1}{4}x$

①$\times 10+$②より，$45x-12y=0$　$y=\dfrac{15}{4}x$

よって，$x:y:z=x:\dfrac{15}{4}x:\dfrac{1}{4}x=4:15:1$

4, 15, 1 の最小公倍数は 60 だから，最小公倍数を 360 にするためには，

$x=4\times 6=24$, $y=15\times 6=90$, $z=1\times 6=6$
とすればよい。

2 (1) 別解 行きにかかった時間より，
$x+y=102$……①
帰りの峠 Q から家までは，行きの速さの $\dfrac{6}{5}$ 倍の速さで下ったから，かかった時間は行きの $\dfrac{5}{6}$ 倍である。帰りの P 地から峠 Q までは，行きの速さの $\dfrac{5}{6}$ 倍の速さで登ったから，かかった時間は行きの $\dfrac{6}{5}$ 倍である。よって，帰りにかかった時間より，$\dfrac{5}{6}x+\dfrac{6}{5}y=96$……②
①$\times 36-$②$\times 30$ より，$11x=792$　$x=72$
これを①に代入して，$72+y=102$　$y=30$

(2) 家から P 地までの道のりは，$5ax+6ay=5400$ となるので，$x=72$, $y=30$ を代入して，
$360a+180a=5400$　$a=10$
よって，家から峠 Q までの道のりは，
$5\times 10\times 72=3600$(m)

別解 家から峠 Q まで登るのにかかった時間は 72 分，P 地から峠 Q まで登るのにかかった時間は $30\times\dfrac{6}{5}=36$(分)だから，かかった時間の比は，$72:36=2:1$ になっている。このことから，家から峠 Q までの道のりと P 地から峠 Q までの道のりの比も $2:1$ とわかるから，家から峠 Q までの道のりは，$5400\times\dfrac{2}{2+1}=3600$(m)

3 (1) $x\times\dfrac{4}{100}+y\times\dfrac{1}{10}=\dfrac{1}{25}x+\dfrac{1}{10}y$(g)

(2) x g の食塩水を容器 C に移したあと，容器 A に残っている食塩水の重さは $200-x$(g)で，ふくまれている食塩の重さは $\dfrac{1}{25}(200-x)$ (g) である。ここに，容器 C の食塩水の半分を入れると，食塩水の重さは $\dfrac{1}{2}(x+y)$ g 増え，食塩の重さも
$\dfrac{1}{2}\left(\dfrac{1}{25}x+\dfrac{1}{10}y\right)$g 増える。
容器 A にふくまれる食塩の重さは，
$\dfrac{1}{25}(200-x)+\dfrac{1}{2}\left(\dfrac{1}{25}x+\dfrac{1}{10}y\right)$
$=8-\dfrac{1}{50}x+\dfrac{1}{20}y$(g)
または，濃度が 5% であることから，
$\left\{200-x+\dfrac{1}{2}(x+y)\right\}\times\dfrac{5}{100}=10-\dfrac{1}{40}x+\dfrac{1}{40}y$(g)

(3) (2) より，

$$8-\frac{1}{50}x+\frac{1}{20}y=10-\frac{1}{40}x+\frac{1}{40}y$$

$$\frac{1}{200}x+\frac{1}{40}y=2$$

$$x+5y=400\cdots\cdots①$$

これと，$x+y=200\cdots\cdots②$ とから，

①－②より，$4y=200$　$y=50$

これを②に代入して，$x=150$

4 (1) ⑦ 1 つの頂点を上から見ると図のようになっており，1 つの頂点に 5 本の辺が集まっていることがわかる。

頂点

① 頂点の数が 24 だから，辺の数 E は

$5\times24\div2=60$ である。

⑦ $24-60+F=2$ より，面の数 F は 38 である。

(2) 面の数が 38 だから，$x+y=38\cdots\cdots①$

正三角形の面の数が x，正方形の面の数が y であるとき，立体をつくるのに 2 本の辺がくっついて 1 本の辺になることから，$(3x+4y)\div2=60$，

つまり，$3x+4y=120\cdots\cdots②$ となる。

②－①×3 より，$y=6$

これを①に代入して，$x=32$

> 🛡 **ここに注意**　多面体の辺の数は，
> 「各面の辺の数の総和 ÷2」または，「頂点に集まっている辺の数 × 頂点の数 ÷2」で求めることができる。

第 3 章　1 次関数

7 | 1 次関数のグラフと式

Step A　解答　　本冊▶p.44～p.45

1 (1) $y=\dfrac{2}{3}x+8$　(2) $y=-2x+10$

(3) $y=-\dfrac{1}{2}x+1$　(4) $y=\dfrac{1}{2}x+1$

(5) $y=-3x-1$

2 (1) $y=2x-3$　(2) $y=-x+4$

(3) $y=-\dfrac{3}{2}x-1$　(4) $y=\dfrac{2}{3}x+\dfrac{5}{3}$

3 10

4 (1) $3\leqq y\leqq9$　(2) $a=3$，$b=-4$

---

5 (1) $(2,\ 0)$　(2) $(-2,\ 3)$　(3) $(0,\ -3)$

解き方

1 (1) 切片が 8 だから，求める直線の式を

$y=ax+8$ とする。$(-6,\ 4)$ を通ることから，

$x=-6$，$y=4$ を代入して，

$4=-6a+8$　$a=\dfrac{2}{3}$

よって，求める直線の式は，$y=\dfrac{2}{3}x+8$

(2) 変化の割合が -2 だから，求める 1 次関数の式を $y=-2x+b$ とする。$(3,\ 4)$ を通ることから，$x=3$，$y=4$ を代入して，$4=-6+b$　$b=10$

よって，求める 1 次関数の式は，$y=-2x+10$

(3) 「x の増加量が 2 のとき y の増加量が -1」ということから，変化の割合は $-\dfrac{1}{2}$ である。また，$x=0$ のとき $y=1$ だから，切片は 1。

よって，求める 1 次関数の式は，$y=-\dfrac{1}{2}x+1$

(4) 変化の割合は，$\dfrac{3-0}{4-(-2)}=\dfrac{1}{2}$ とわかるので，求める 1 次関数の式を $y=\dfrac{1}{2}x+b$ とする。$x=4$，$y=3$ を代入すると，$3=2+b$ なので，$b=1$

よって，求める 1 次関数の式は，$y=\dfrac{1}{2}x+1$

別解　求める 1 次関数の式を $y=ax+b$ とすると，$(4,\ 3)$，$(-2,\ 0)$ を通ることから，

$3=4a+b\cdots\cdots①$，$0=-2a+b\cdots\cdots②$ が成り立つ。

①，②の連立方程式を解いて，$a=\dfrac{1}{2}$，$b=1$

よって，求める 1 次関数の式は，$y=\dfrac{1}{2}x+1$

(5) 求める直線は $y=-3x+2$ と平行であるから傾きが等しいので，傾きは -3。

求める直線の式を $y=-3x+b$ とすると，

$(1,\ -4)$ を通ることから，

$-4=-3+b$　$b=-1$

よって，求める直線の式は，$y=-3x-1$

2 (4) この直線の x 座標，y 座標がどちらも整数である点を見つけて式を求める。

点 $(2,\ 3)$，$(5,\ 5)$ を通っているので，変化の割合は，$\dfrac{5-3}{5-2}=\dfrac{2}{3}$

求める直線の式を $y=\dfrac{2}{3}x+b$ とする。$x=2$，

$y=3$ を代入すると，$3=\dfrac{4}{3}+b$ なので，$b=\dfrac{5}{3}$

よって，求める直線の式は，$y=\dfrac{2}{3}x+\dfrac{5}{3}$

3 $x=0$ のとき $y=1$，$x=1$ のとき $y=4$ だから，変化の割合は，$\dfrac{4-1}{1-0}=3$

$x=2$ のとき $y=7$ だから，$x=3$ のときの y の値は，7 より 3 だけ増加して 10 である。

別解 1次関数の式を求めてから，x の値を代入して求めてもよい。

変化の割合が $\dfrac{4-1}{1-0}=3$ で，$x=0$ のとき $y=1$ だから切片は 1。

よって，1 次関数の式は $y=3x+1$

これに $x=3$ を代入して，$y=10$

4 (1) 関数 $y=2x+1$ は変化の割合が正であるから，x の値が最小のとき y の値も最小であり，x の値が最大のとき y の値も最大になる。

よって，$1 \leqq x \leqq 4$ において，y の値は，$x=1$ のとき，$y=2\times1+1=3$ が最小で，$x=4$ のとき，$y=2\times4+1=9$ が最大になるから，$3 \leqq y \leqq 9$

> ⚠ **ここに注意** 変化の割合が負のときは，x 値が最大のとき y の値が最小になり，x 値が最小のとき y の値が最大になる。

(2) 変化の割合が正であるから，$x=3$ のとき，y は最小で $y=5$，$x=4$ のとき，y は最大で $y=8$ である。

よって，$y=ax+b$ において，$5=3a+b$……①，$8=4a+b$……②が成り立つから，①，②を解いて，$a=3$，$b=-4$

5 (1) この直線の式を $y=\dfrac{1}{2}x+b$ とする。(4, 1) を通ることから，$x=4$，$y=1$ を代入して，$1=2+b$

$b=-1$ よって，$y=\dfrac{1}{2}x-1$

x 軸との交点は y 座標が 0 であるから，この式に $y=0$ を代入して，$0=\dfrac{1}{2}x-1$ $x=2$

よって，x 軸との交点の座標は，(2, 0)

(2) $y=-\dfrac{1}{2}x+2$……①，$y=3x+9$……②を連立方程式として解く。①，②の右辺どうしは等しいから，$-\dfrac{1}{2}x+2=3x+9$ $x=-2$

これを②に代入して，$y=-6+9=3$

よって，交点の座標は，(-2, 3)

---

(3) $x-2y+6=0$ を y について解くと $y=\dfrac{1}{2}x+3$

(6, 0) を通る直線の式を $y=\dfrac{1}{2}x+b$ として，$x=6$，$y=0$ を代入すると，$0=3+b$ $b=-3$

よって，$y=\dfrac{1}{2}x-3$

したがって，y 軸との交点の座標は，(0, -3)

Step B 解答 本冊▶p.46〜p.47

1 ウ

2 (1) $a=-\dfrac{1}{2}$，$b=\dfrac{3}{2}$ (2) $x=-4$ (3) $a=9$

(4) $k=12$ (5) $a=-4$

3 (1) (-4, 0) (2) $a=1$，-2，$\dfrac{7}{4}$

4 (1) $-\dfrac{1}{2} \leqq a \leqq 1$ (2) $m \geqq \dfrac{3}{2}$，$m \leqq -\dfrac{2}{3}$

5 (1) $a=\dfrac{3}{5}$ (2) 20 個

解き方

1 傾きは $a<0$，切片は $b>0$ だから，つねに正の数となるのは**ウ**である。

2 (1) $y=ax+b$ において，$a<0$ だから，$x=1$ のとき $y=1$，$x=3$ のとき $y=0$ となる。よって，$1=a+b$，$0=3a+b$ を解いて，$a=-\dfrac{1}{2}$，$b=\dfrac{3}{2}$

(2) この 1 次関数の変化の割合は，$\dfrac{-15}{3-(-2)}=-3$ だから，$y=-3x+b$ とする。$x=2$，$y=-1$ を代入して，$-1=-6+b$ $b=5$

よって，$y=-3x+5$

$y=17$ を代入して，$17=-3x+5$ $x=-4$

(3) 直線 $6x-y=10$ において，x 軸との交点は $y=0$ の点なので，$6x-0=10$ より，$x=\dfrac{5}{3}$

よって，交点 P の座標は $\left(\dfrac{5}{3}, 0\right)$ である。

直線 $ax-2y=15$ が点 P を通るから，$\dfrac{5}{3}a-0=15$ なので，$a=9$

> ⚠ **ここに注意** x 軸との交点の座標は $(a, 0)$，y 軸との交点(または切片)の座標は $(0, b)$ で表される。

(4) A(-1, 2)，B(1, 6)，C(4, k) とする。

3 点 A，B，C が一直線上にあるとき，AB 間の変化の割合と BC 間の変化の割合は等しいから，

25

$\dfrac{6-2}{1-(-1)}=\dfrac{k-6}{4-1}$ なので，$k=12$

別解 2点 $(-1,\ 2)$，$(1,\ 6)$ を通る直線の式を $y=ax+b$ とすると，$2=-a+b$，$6=a+b$ より，$a=2$，$b=4$

よって，この直線の式は，$y=2x+4$ とわかる。点 $(4,\ k)$ もこの直線上にあるとき，$k=2\times4+4$ より，$k=12$

(5) 2直線 $y=3x+10$，$y=-\dfrac{1}{2}x+3$ の交点の座標を求めると $(-2,\ 4)$ となるので，直線 $y=ax-4$ がこの点を通ればよい。よって，$4=-2a-4$ $a=-4$

③ (1) $x+4=-2x-8$ より，$x=-4$
このとき，$y=-4+4=0$ よって，$(-4,\ 0)$

(2) 3直線で三角形ができないのは，
・③と①が平行であるとき
　このとき，$a=1$
・③と②が平行であるとき
　このとき，$a=-2$
・③が①と②の交点 $(-4,\ 0)$ を通るとき
　$0=-4a+7$ より，$a=\dfrac{7}{4}$

④ (1) $y=ax+2$ が A$(2,\ 1)$ を通るとき，傾きは最小になる。$1=2a+2$ より，$a=-\dfrac{1}{2}$
$y=ax+2$ が B$(1,\ 3)$ を通るとき，傾きは最大になる。$3=a+2$ より，$a=1$
よって，$-\dfrac{1}{2}\leqq a\leqq1$

(2) 下の図の直線 ℓ のように，$y=mx+n$ が A$(-3,\ 5)$ と B$(-5,\ 2)$ を通るときの m の値は，
$m=\dfrac{2-5}{-5-(-3)}=\dfrac{3}{2}$
下の図の直線 p のように，$y=mx+n$ が A$(-3,\ 5)$ と C$(6,\ -1)$ を通るときの m の値は，
$m=\dfrac{-1-5}{6-(-3)}=-\dfrac{2}{3}$
よって，$m\geqq\dfrac{3}{2}$，$m\leqq-\dfrac{2}{3}$

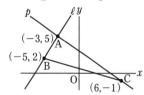

⑤ (1) $y=ax+\dfrac{7}{5}$ に $x=1$，$y=2$ を代入して，
$2=a+\dfrac{7}{5}$ $a=\dfrac{3}{5}$

(2) 下の図のように考えると，x 座標，y 座標がともに整数である点の x の値は，
$x=1$，6，11，……，96 となる。
よって，20個。

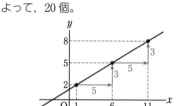

8 | 1次関数のグラフと図形 ①

① (1) $y=\dfrac{3}{2}x+6$ (2) $\left(-5,\ -\dfrac{3}{2}\right)$ (3) 25

② (1) $a=3$ (2) $\dfrac{27}{2}$ (3) $y=x-3$

③ (1) $a=2$ (2) $k=2$

④ (1) $(5,\ 7)$ (2) $(-2p+15,\ 2p-3)$
　 (3) $\left(\dfrac{18}{5},\ \dfrac{21}{5}\right)$

解き方

① (1) 直線①の傾きは $\dfrac{\text{OB}}{\text{OA}}=\dfrac{6}{4}=\dfrac{3}{2}$
切片は6だから，$y=\dfrac{3}{2}x+6$

(2) 交点の x 座標は，$\dfrac{3}{2}x+6=-\dfrac{1}{2}x-4$ より，
$x=-5$
y 座標は，$y=\dfrac{3}{2}\times(-5)+6=-\dfrac{3}{2}$
よって，交点の座標は，$\left(-5,\ -\dfrac{3}{2}\right)$

(3) ①と②の交点を C，②と y 軸の交点を D とすると，C$\left(-5,\ -\dfrac{3}{2}\right)$，D$(0,\ -4)$ より，求める
△BCD の面積は，$\dfrac{1}{2}\times\{6-(-4)\}\times5=25$

② (1) A$(3,\ a)$ は直線 $y=-x+6$ 上の点だから，
$a=-3+6$ $a=3$

(2) 直線 $y=-x+6$ と y 軸との交点を D とすると，D$(0,\ 6)$
これと，A$(3,\ 3)$，B$(6,\ 0)$，C$(0,\ -3)$ より，
△ABC＝△DBC－△DAC
$=\dfrac{1}{2}\times9\times6-\dfrac{1}{2}\times9\times3=\dfrac{27}{2}$

(3) 線分 AB の中点を M とすると，
M$\left(\dfrac{3+6}{2},\ \dfrac{3+0}{2}\right)$ より，M$\left(\dfrac{9}{2},\ \dfrac{3}{2}\right)$

よって，C$(0, -3)$とM$\left(\dfrac{9}{2}, \dfrac{3}{2}\right)$を通る直線の式を求めて，$y = x - 3$

> **⚠ ここに注意** 三角形の1つの頂点を通り，面積を2等分する直線は，向かいあった辺の中点を通る。
>
>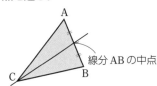
> 線分ABの中点
>
> A(a, b)とB(c, d)の中点Mの座標は，M$\left(\dfrac{a+c}{2}, \dfrac{b+d}{2}\right)$で求めることができる。

3 (1) 点Pは直線②上の点で，x座標が3だから，y座標は，$y = -3 + 8 = 5$　よって，P$(3, 5)$
直線①がこの点を通るから，$5 = 3a - 1$より，$a = 2$

(2) 直線$x = k$がx軸と交わる点をKとすると，KC $= 2k - 1$，KD $= -k + 8$と表すことができるから，CD $= (-k + 8) - (2k - 1) = -3k + 9$
CD $= 3$より，$-3k + 9 = 3$　$k = 2$

4 (1) 点Aのx座標は，$-x + 12 = 2x - 3$より，$x = 5$
このとき，$y = -5 + 12 = 7$　よって，A$(5, 7)$

(2) Pは直線①上の点なので，P$(p, 2p - 3)$より，点Sのy座標は$2p - 3$になる。Sは直線②上の点だから，$y = 2p - 3$のとき，$2p - 3 = -x + 12$より，$x = -2p + 15$　よって，S$(-2p + 15, 2p - 3)$

(3) PQの長さは，$2p - 3$
PSの長さは，$(-2p + 15) - p = -3p + 15$
PQ $=$ PSとなればよいので，$2p - 3 = -3p + 15$より，$p = \dfrac{18}{5}$
点Pのy座標は，$2p - 3 = 2 \times \dfrac{18}{5} - 3 = \dfrac{21}{5}$
よって，点Pの座標は，$\left(\dfrac{18}{5}, \dfrac{21}{5}\right)$

Step B　解答　　本冊▶p.50〜p.51

1 (1) **ウ**　(2) $a = -\dfrac{2}{5}$，$b = \dfrac{13}{5}$　(3) 15

2 (1) $a = 2$　(2) $b = \dfrac{12}{5}$　(3) $y = 8x - 12$

(4) $y = -x + \dfrac{12}{5}$

3 6

---

4 (1) $\left(-\dfrac{1}{2}a + 8, \dfrac{1}{2}a + 4\right)$　(2) $a = \dfrac{8}{9}$　(3) $a = 1$

5 (1) $-\dfrac{5}{3}$　(2) $\left(0, \dfrac{11}{3}\right)$

解き方

1 (1) 3直線**ア**，**イ**，**ウ**の傾きはそれぞれ$-\dfrac{1}{a}$，$-a$，$3a$で，このうち$3a$だけが他の2つと符号がちがうので，グラフより，**ウ**が直線ℓを表していることがわかる。

(2) 直線ℓの傾きは負，切片は正であるから，$3a < 0$，$2b - 1 > 0$
これより，$a < 0$，$b > 0$とわかるから，直線**ア**の切片$\dfrac{b}{a}$は負であり，直線**イ**の切片bは正である。よって，**ア**がmを，**イ**がnを表していることがわかる。ℓとnの交点の座標が$(1, 3)$であるとき，$3 = 3a + 2b - 1$，$3 = -a + b$が成り立つから，これを解いて，$a = -\dfrac{2}{5}$，$b = \dfrac{13}{5}$

(3) (2)のとき，直線ℓの式は，$y = -\dfrac{6}{5}x + \dfrac{21}{5}$
直線nの式は，$y = \dfrac{2}{5}x + \dfrac{13}{5}$
それぞれx軸と交わる点のx座標は，$\dfrac{7}{2}$，$-\dfrac{13}{2}$である。これより，求める三角形の面積は，$\dfrac{1}{2} \times \left\{\dfrac{7}{2} - \left(-\dfrac{13}{2}\right)\right\} \times 3 = 15$

2 (1) A$(a, 4)$は直線$y = -x + 6$上にあるから，$4 = -a + 6$より，$a = 2$

(2) 直線$y = \dfrac{4}{5}x + b$はA$(2, 4)$を通るから，$4 = \dfrac{8}{5} + b$より，$b = \dfrac{12}{5}$

(3) Bは直線$y = \dfrac{4}{5}x + \dfrac{12}{5}$と$x$軸との交点だから，$0 = \dfrac{4}{5}x + \dfrac{12}{5}$より，その$x$座標は$-3$
Cは直線$y = -x + 6$とx軸との交点だから，$0 = -x + 6$より，そのx座標は6
これより，線分BCの中点の座標は，$\left(\dfrac{3}{2}, 0\right)$
よって，2点$(2, 4)$，$\left(\dfrac{3}{2}, 0\right)$を通る直線の式を求めて，$y = 8x - 12$

(4) △ABCの面積は，$\dfrac{1}{2} \times 9 \times 4 = 18$だから，
△PBQ $= 18 \times \dfrac{9}{25} = \dfrac{162}{25}$になればよい。

このとき，$\frac{1}{2} \times BQ \times \frac{12}{5} = \frac{162}{25}$ より，$BQ = \frac{27}{5}$

これより，Q の x 座標は，$-3 + \frac{27}{5} = \frac{12}{5}$

よって，2点 $P\left(0, \frac{12}{5}\right)$，$Q\left(\frac{12}{5}, 0\right)$ を通る直線の

式を求めて，$y = -x + \frac{12}{5}$

3 $-2x + y = 1 \cdots\cdots$①

$3x - y = 3 \cdots\cdots$②

$x + y = 1 \cdots\cdots$③とすると，

①と②の交点は $(4, 9)$，

①と③の交点は $(0, 1)$，

②と③の交点は $(1, 0)$ となる

ので，右の三角形の面積を求

めればよい。

長方形から周りの3つの三角

形をひくと，

$4 \times 9 - \left(\frac{1}{2} \times 3 \times 9 + \frac{1}{2} \times 1 \times 1 + \frac{1}{2} \times 8 \times 4\right)$

$= 36 - 30 = 6$

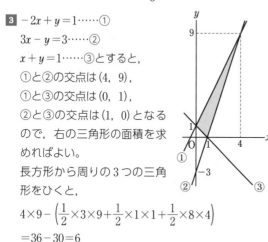

4 (1) 点 A の x 座標を a とすると，y 座標は $\frac{1}{2}a + 4$ だ

から，点 D の y 座標も $\frac{1}{2}a + 4$ である。点 D は

直線②上にあるから，$\frac{1}{2}a + 4 = -x + 12$ より，

点 D の x 座標は，$x = -\frac{1}{2}a + 8$

よって，$D\left(-\frac{1}{2}a + 8, \frac{1}{2}a + 4\right)$

(2) $AB = \frac{1}{2}a + 4$

$AD = \left(-\frac{1}{2}a + 8\right) - a = -\frac{3}{2}a + 8$

$AB : AD = 2 : 3$ のとき，

$\left(\frac{1}{2}a + 4\right) : \left(-\frac{3}{2}a + 8\right) = 2 : 3$

$3\left(\frac{1}{2}a + 4\right) = 2\left(-\frac{3}{2}a + 8\right)$

これを解いて，$a = \frac{8}{9}$

(3) 長方形 ABCD の周の長さは，

$2(AB + AD) = 2\left\{\left(\frac{1}{2}a + 4\right) + \left(-\frac{3}{2}a + 8\right)\right\}$

$= -2a + 24$ と表すことができるので，

$-2a + 24 = 22$ より，$a = 1$

5 (1) $B(-2, -3)$，$C(2, □)$ を通り，傾きが $\frac{1}{3}$ なので，

$\frac{□ - (-3)}{2 - (-2)} = \frac{1}{3}$ より，$□ = -\frac{5}{3}$

(2) 下の図のように，点 B は点 C を

x 軸の負の方向に $2 - (-2) = 4$，

y 軸の負の方向に $-\frac{5}{3} - (-3) = \frac{4}{3}$

平行移動したところにある。四角形 ABCD が

平行四辺形になるとき，点 A も点 D を x 軸の負

の方向に 4，y 軸の負の方向に $\frac{4}{3}$ 平行移動したと

ころにあるから，

$A\left(4 - 4, 5 - \frac{4}{3}\right)$より，$A\left(0, \frac{11}{3}\right)$

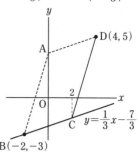

> 🛡 **ここに注意**　平行四辺形 ABCD を求
> めるので，A は C の対角の位置にある。

9 | 1次関数のグラフと図形 ②

Step A　**解答**　　　　本冊 ▶ p.52〜p.53

1 $\frac{5}{4}$

2 $-\frac{8}{7}$

3 (1) $\frac{3}{2}$　(2) 1　(3) $y = \frac{1}{3}x$

4 (1) $B(4, 9)$，$C(-2, 6)$

(2) $\frac{159}{2}$

(3) $y = -54x + 225$

5 (1) $(7, 5)$　(2) $y = -2x + \frac{19}{2}$

解き方

1 次の図のように，求める直線 ℓ が辺 AC と交わる点

を D とする。

△ABC の面積は $\frac{1}{2} \times 5 \times 3 = \frac{15}{2}$ だから，△DOC の

面積が $\frac{15}{2} \times \frac{1}{2} = \frac{15}{4}$ になればよい。x 軸から点 D ま

での高さ（D の y 座標）を DH とすると，

$\frac{1}{2} \times 4 \times DH = \frac{15}{4}$ より，$DH = \frac{15}{8}$

直線 AC の式は $y = -\frac{3}{4}x + 3$ だから，点 D の x 座標は，$\frac{15}{8} = -\frac{3}{4}x + 3$ より，$x = \frac{3}{2}$

よって，原点 O(0, 0) と D$\left(\frac{3}{2}, \frac{15}{8}\right)$ を通る直線の傾（かたむ）きを求めて，$\frac{15}{8} \div \frac{3}{2} = \frac{5}{4}$

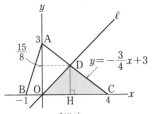

2 y 軸について点 A と対称（たいしょう）な点を A′ とすると，A′(−4, −4)

この点と B(10, 6) を通る直線が y 軸と交わる点を P とすればよい。直線の式は，$y = \frac{5}{7}x - \frac{8}{7}$ なので，

点 P の y 座標は，$-\frac{8}{7}$

> 🛡 **ここに注意**　AP + PB = A′P + PB
> より，AP + PB を最小にするためには，
> A′P + PB を最小にすればよい。それは，A′，
> P，B が一直線上にならぶときである。

3 (1) $x = -x + 3$ より，$x = \frac{3}{2}$

よって，交点の x 座標は $\frac{3}{2}$ である。

(2) A(1, 0) のとき，D(1, 1)，C(2, 1) であるから，AD = 1，CD = 1

よって，長方形 ABCD の面積は，$1 \times 1 = 1$

(3) 原点を通る直線 $y = mx$ が，長方形 ABCD の対角線の交点(対角線 AC の中点)を通ればよい。

AC の中点の座標は，

$\left(\frac{1+2}{2}, \frac{0+1}{2}\right) = \left(\frac{3}{2}, \frac{1}{2}\right)$ であるから，

傾き $m = \frac{1}{2} \div \frac{3}{2} = \frac{1}{3}$

よって，$y = \frac{1}{3}x$

> 🛡 **ここに注意**　正方形，長方形，平行四辺形のように，点対称な四角形の面積は，点対称の中心(2本の対角線の交点)を通る直線によって2等分される。

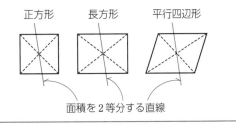

正方形　　　長方形　　　平行四辺形

面積を2等分する直線

4 (1) 点 B の x 座標は，$-x + 13 = \frac{1}{2}x + 7$ より，$x = 4$

このとき $y = -4 + 13 = 9$ だから，B(4, 9)

点 C の x 座標は，$-3x = \frac{1}{2}x + 7$ より，$x = -2$

このとき $y = -3 \times (-2) = 6$ だから，C(−2, 6)

(2) ②と x 軸の交点を D とすると，

A(13, 0)，D(−14, 0) なので，

四角形 OABC = △BDA − △CDO

$= \frac{1}{2} \times 27 \times 9 - \frac{1}{2} \times 14 \times 6 = \frac{159}{2}$

(3) 点 B を通り四角形 OABC の面積を2等分する直線が辺 OA と交わる点を E とする。△BEA の面積が $\frac{159}{2} \times \frac{1}{2} = \frac{159}{4}$ となればよいから，

$\frac{1}{2} \times AE \times 9 = \frac{159}{4}$ より，$AE = \frac{53}{6}$

このとき，点 E の x 座標は，$13 - \frac{53}{6} = \frac{25}{6}$

よって，B(4, 9)，E$\left(\frac{25}{6}, 0\right)$ を通る直線の式を求めて，$y = -54x + 225$

5 (1) 点 A は原点 O を x 軸の正の方向に5，y 軸の正の方向に1だけ平行移動させたところにあるから，点 B も点 C を x 軸の正の方向に5，y 軸の正の方向に1だけ平行移動させたところにある。

よって，B(2+5, 4+1) = (7, 5)

(2) 下の図のように，求める直線が，OB と AC の交点を通ればよい。OB と AC の交点を P とすると，点 P は OB の中点だから，P$\left(\frac{7}{2}, \frac{5}{2}\right)$

傾きは −2 なので，直線の式は，$y = -2x + \frac{19}{2}$

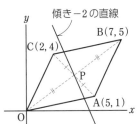

1 $y=-\dfrac{3}{2}x+\dfrac{7}{2}$

2 $y=\dfrac{10}{3}x-3$

3 (1) $\left(\dfrac{7}{6}a+3,\ \dfrac{1}{6}a+3\right)$ 　(2) $y=\dfrac{1}{7}x+\dfrac{18}{7}$

4 (1) 80π 　(2) $20:21$

5 (1) $3a-2$ 　(2) $y=\dfrac{1}{8}x+\dfrac{9}{8}$

6 $\dfrac{5}{3}<b\leqq 2$

解き方

1 下の図のように，点 P と y 軸について対称な点 P′$(-1,\ 5)$ と，点 Q と x 軸について対称な点 Q′$(3,\ -1)$ を通る直線が，y 軸と交わる点を A，x 軸と交わる点を B とすればよい。

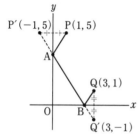

2 点 P′$(-1,\ 5)$，Q′$(3,\ -1)$ を通る直線が直線 AB であるから，$y=-\dfrac{3}{2}x+\dfrac{7}{2}$

2 下の図のように，OA の中点を M$(3,0)$，BC の中点を N$(3,\ 4)$ とする。求める直線は長方形 OMNC の面積を 2 等分すればいいので，ON の中点 $\left(\dfrac{3}{2},\ 2\right)$ を通る。

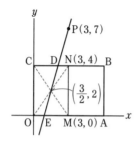

よって，2 点 $(3,\ 7)$，$\left(\dfrac{3}{2},\ 2\right)$ を通る直線の式を求めて，$y=\dfrac{10}{3}x-3$

3 (1) 点 A の x 座標が a のとき，点 A の y 座標は，$\dfrac{1}{3}a+6$

点 B の座標は $(a,\ 0)$ で，正方形の 1 辺の長さは $\dfrac{1}{3}a+6$ だから，点 C の座標は $\left(\dfrac{4}{3}a+6,\ 0\right)$

点 P は線分 AC の中点だから，

x 座標は，$\left\{a+\left(\dfrac{4}{3}a+6\right)\right\}\times\dfrac{1}{2}=\dfrac{7}{6}a+3$

y 座標は，$\left\{\left(\dfrac{1}{3}a+6\right)+0\right\}\times\dfrac{1}{2}=\dfrac{1}{6}a+3$

よって，P$\left(\dfrac{7}{6}a+3,\ \dfrac{1}{6}a+3\right)$

(2) 点 P の x 座標と y 座標の関係を式で表すことを考える。

$x=\dfrac{7}{6}a+3$……① ，$y=\dfrac{1}{6}a+3$……② とすると，

②×7−① より，$7y-x=18$

これより，$y=\dfrac{1}{7}x+\dfrac{18}{7}$

別解 点 P がある「直線上を動く」ことがわかっているので，A$(6,\ 8)$ のときと A$(0,\ 6)$ のとき（それ以外の 2 点でもよい）の点 P の座標 P$(10,\ 4)$ と P$(3,\ 3)$ をそれぞれ求めて，この 2 点を通る直線の式を求めると，$y=\dfrac{1}{7}x+\dfrac{18}{7}$ とわかる。

4 (1) 四角形 OABC を y 軸を軸として回転させてできる立体は，底面の半径が 4，高さが 6 の円柱から，底面の半径が 4，高さが 3 の円錐を除いた立体だから，$V_1=4^2\pi\times 6-\dfrac{1}{3}\times 4^2\pi\times 3=80\pi$

(2) 直線 AB と x 軸との交点を D とすると，点 D の座標は $(4,\ 0)$ になる。x 軸を軸として回転させてできる立体は，△BCD を 1 回転させてできる円錐から△AOD を 1 回転させてできる円錐を除いた立体だから，

$V_2=\dfrac{1}{3}\times 6^2\pi\times 8-\dfrac{1}{3}\times 3^2\pi\times 4=84\pi$

よって，$V_1:V_2=80\pi:84\pi=20:21$

5 (1) 点 R の y 座標を r とすると，3 点 P$(-1,\ 1)$，Q$(0,\ a)$，R$(2,\ r)$ が一直線上にあるから，PQ の傾きと QR の傾きが等しい。よって，

$\dfrac{a-1}{0-(-1)}=\dfrac{r-a}{2-0}$ より，$r=3a-2$

別解 直線 ℓ の傾きを m とすると，切片が a だから，直線 ℓ の式は $y=mx+a$ と表すことができる。点 P$(-1,\ 1)$ を通ることから，$1=-m+a$ これより，$m=a-1$

よって，直線 ℓ の式は，$y=(a-1)x+a$

点 R は直線 ℓ 上の点で x 座標が 2 だから，点 R の y 座標は $y=2(a-1)+a=3a-2$

(2) 長方形 OABC の面積は $2 \times 5 = 10$ だから、台形

OARQ の面積が $10 \times \dfrac{1}{1+3} = \dfrac{5}{2}$ になればよい。

よって、$\dfrac{1}{2} \times (OQ + AR) \times OA = \dfrac{5}{2}$

$OQ = a$、$AR = 3a - 2$、$OA = 2$ だから、

$\dfrac{1}{2} \times \{a + (3a - 2)\} \times 2 = \dfrac{5}{2}$ これより、$a = \dfrac{9}{8}$

$P(-1, 1)$、$Q\left(0, \dfrac{9}{8}\right)$ を通るので、直線 ℓ の式は、

$y = \dfrac{1}{8}x + \dfrac{9}{8}$

別解 ②のように考えて、2 点 $(-1, 1)$、$\left(1, \dfrac{5}{4}\right)$ を通る直線の式を求めてもよい。

6

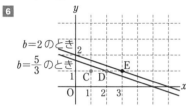

図のように、$b \leqq \dfrac{5}{3}$ だと点 D が △BOA の内部にふくまれず、$b > 2$ だと点 E が △BOA の内部にふくまれるから、$\dfrac{5}{3} < b \leqq 2$

10 1 次関数の利用

Step A 解答 本冊▶p.56〜p.57

1 (1) $y = 26x + 1400$

(2) ① $y = 20x + 2000$　② $y = 24x + 1520$

　　③ $y = 27x + 620$

(3) 100kWh, 780kWh

2 (1) ① ア…350, イ…1200

②
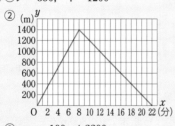

③ $y = -100x + 2200$

(2) ① 分速 160m　② 16 分 40 秒後

解き方

1 (1) (電気料金) = (基本料金) + 26 × (電気使用量) だから、$y = 1400 + 26 \times x = 26x + 1400$

(2) ① (1) と同様に考えて、$y = 20x + 2000$

② 120kWh までの使用料金は、

$20 \times 120 = 2400$ (円)

120kWh を超えた分、つまり $(x - 120)$ kWh の使用料金は、$24(x - 120) = 24x - 2880$ (円)

よって、基本料金 2000 円と合わせると、

$y = 2000 + 2400 + 24x - 2880 = 24x + 1520$

③ 120kWh までの使用料金は、

$20 \times 120 = 2400$ (円)

120 〜 300kWh までの使用料金は、

$24 \times (300 - 120) = 4320$ (円)

300kWh を超えた分、つまり $(x - 300)$ kWh の使用料金は、$27(x - 300) = 27x - 8100$ (円)

よって、基本料金 2000 円と合わせると、

$y = 2000 + 2400 + 4320 + 27x - 8100 = 27x + 620$

(3) $0 \leqq x \leqq 120$ のとき、

$26x + 1400 = 20x + 2000$ より、$x = 100$

これは x の変域にあてはまる。

$120 < x \leqq 300$ のとき、

$26x + 1400 = 24x + 1520$ より、$x = 60$

これは x の変域にあてはまらないから答えではない。

$x > 300$ のとき、$26x + 1400 = 27x + 620$ より、

$x = 780$　これは x の変域にあてはまる。

2 (1) ① ア：A さんの行き (0 分後〜 8 分後) の速さは、

$1400 \div 8 = 175$ (m/min) だから、

$175 \times 2 = 350$ (m)

※ 175m/min は分速 175m を表している。

イ：帰り (8 分後〜 22 分後) の速さは、$1400 \div (22 - 8) = 100$ (m/min) だから、10 分後には公園から $100 \times (10 - 8) = 200$ (m) 戻っているので、

$1400 - 200 = 1200$ (m)

② 出発してから 8 分後に A さんは公園から学校に速さを変えて向かうので $(0, 0)$、$(8, 1400)$ と、$(8, 1400)$、$(22, 0)$ を結ぶ線分をそれぞれかく。

③ グラフが 2 点 $(8, 1400)$、$(22, 0)$ を通るから、

$y = -100x + 2200$

別解 $8 \leqq x \leqq 22$ のとき、速さは 100m/min で、グラフの傾きが負であることから、傾きは -100 であることがわかる。点 $(8, 1400)$ を通るので、

$y = -100x + 2200$

(2) ① B さんが A さんとすれ違ったのは、A さんが学校を出発してから $2 + 8 = 10$ (分後)

(1) の① より、すれ違ったのは学校から 1200m のところで、B さんはその地点まで 8 分で進んだ

31

ことになる。よって，Aさんとすれ違う前のB
さんの速さは，$1200 \div 8 = 150\,(\mathrm{m/min})$
Aさんとすれ違った後のBさんの速さは，
$150 + 10 = 160\,(\mathrm{m/min})$
② AさんとBさんがすれ違ってからBさんがA
さんに追いつくまでにt分かかったとすると，t
分間にBさんが進んだ道のりは，Aさんが進ん
だ道のりよりも$(1400 - 1200) \times 2 = 400\,(\mathrm{m})$多い
ので，$160t = 100t + 400$　これより，$t = \dfrac{20}{3}$
よって，BさんがAさんに追いついたのは，A
さんが出発してから
$10 + \dfrac{20}{3} = 16\dfrac{2}{3}$（分後）→ 16分40秒後。

Step B 解答

本冊▶p.58〜p.59

1 (1) $9\,\mathrm{cm^2}$　(2) ① $5x\,(\mathrm{cm^2})$　② $6x - 33\,(\mathrm{cm^2})$

(3) $x = \dfrac{11}{3}$，$\dfrac{121}{17}$

2 (1) $540\,\mathrm{m}$　(2) $y = 90x + 450$　(3) 12分間

(4) 毎分 $80\,\mathrm{m}$

3 (1) 720　(2) 405　(3) $945\,\mathrm{m}$

解き方

1 (1) $x = 4$のとき，Pは$2 \times 4 = 8\,(\mathrm{cm})$進んでいるから，
$\mathrm{CP} = 6 + 5 - 8 = 3\,(\mathrm{cm})$
よって，$\triangle \mathrm{APC} = \dfrac{1}{2} \times 3 \times 6 = 9\,(\mathrm{cm^2})$

(2) ① $0 < x \leqq 3$のとき，$\mathrm{AP} = 2x\,(\mathrm{cm})$だから，
$\triangle \mathrm{APC} = \dfrac{1}{2} \times 2x \times 5 = 5x\,(\mathrm{cm^2})$

② $\dfrac{11}{2} \leqq x \leqq 8$のとき，$\mathrm{CP} = 2x - 11\,(\mathrm{cm})$だから，
$\triangle \mathrm{APC} = \dfrac{1}{2} \times (2x - 11) \times 6 = 6x - 33\,(\mathrm{cm^2})$

(3) $3 \leqq x \leqq \dfrac{11}{2}$のとき，$\mathrm{CP} = 11 - 2x\,(\mathrm{cm})$だから，
$\triangle \mathrm{APC} = \dfrac{1}{2} \times (11 - 2x) \times 6 = -6x + 33\,(\mathrm{cm^2})$
$8 \leqq x < 11$のとき，$\mathrm{AP} = 22 - 2x\,(\mathrm{cm})$だから，
$\triangle \mathrm{APC} = \dfrac{1}{2} \times (22 - 2x) \times 5 = -5x + 55\,(\mathrm{cm^2})$
一方，$\triangle \mathrm{AQC}$の面積は，
$0 < x \leqq 5$のとき，$\mathrm{AQ} = x\,(\mathrm{cm})$だから，
$\triangle \mathrm{AQC} = \dfrac{1}{2} \times x \times 6 = 3x\,(\mathrm{cm^2})$
$5 \leqq x < 11$のとき，$\mathrm{CQ} = 11 - x\,(\mathrm{cm})$だから，
$\triangle \mathrm{AQC} = \dfrac{1}{2} \times (11 - x) \times 5 = -\dfrac{5}{2}x + \dfrac{55}{2}\,(\mathrm{cm^2})$

$\triangle \mathrm{APC}$と$\triangle \mathrm{AQC}$について，yを三角形の面積
とすると，xとyの関係を表すグラフは次のように
なる。

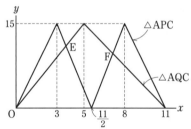

面積が等しくなるのは，グラフが交わるときで
ある。図のように交点をE，Fとすると，点E
のx座標は，$3x = -6x + 33$より，$x = \dfrac{11}{3}$
点Fのx座標は，$-\dfrac{5}{2}x + \dfrac{55}{2} = 6x - 33$より，
$x = \dfrac{121}{17}$

2 (1) $180 \times 3 = 540\,(\mathrm{m})$

(2) 2点$(5,\ 900)$，$(15,\ 1800)$を通る直線の式を求め
て，$y = 90x + 450$

(3) 和夫さんが図書館から帰るのにかかった時間は，
$1800 \div 100 = 18\,(\text{分})$
図書館を出たのは$x = 45 - 18 = 27$より，午後4
時27分である。よって，図書館にいた時間は，
$27 - 15 = 12\,(\text{分間})$

(4) 午後4時33分のとき，和夫さんは家から，
$100 \times (45 - 33) = 1200\,(\mathrm{m})$のところにいるから，
美紀さんは$33 - 18 = 15\,(\text{分間})$に$1200\,\mathrm{m}$進んだこ
とになる。よって，$1200 \div 15 = 80\,(\mathrm{m/min})$

3 2人のようすとグラフの傾き（の絶対値）が表す速さ
は次のようになっている。

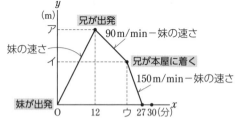

(1) 妹は家から駅までの$1800\,\mathrm{m}$を一定の速さで進
み，30分後に駅に着いたから，妹の速さは，
$1800 \div 30 = 60\,(\mathrm{m/min})$
アは12分間に妹が進んだ道のりだから，
$60 \times 12 = 720\,(\mathrm{m})$

(2) $12 \leqq x \leqq$ ウにおいて，
直線の傾きは $-(90 - 60) = -30$で，点$(12,\ 720)$

を通るから，その直線の式は $y=-30x+1080$
ウ $\leqq x \leqq 27$ において，
直線の傾きは $-(150-60)=-90$ で，点 $(27,\ 0)$
を通るから，その直線の式は $y=-90x+2430$
2 つの直線の交点の座標は，
$-30x+1080=-90x+2430$ より，$x=22.5\cdots$ウ
$y=-30\times22.5+1080=405$ なので，イは 405

(3) 家から本屋までの道のりは，
兄が $22.5-12=10.5$（分間）に進んだ道のりだから，$90\times10.5=945$（m）

本冊 ▶ p.60〜p.61

1 $a=2,\ b=2$

2 $\dfrac{30}{11}$

3 (1) $\left(8,\ \dfrac{8}{3}\right)$ (2) $\left(\dfrac{128}{11},\ 0\right)$ (3) $(14,\ 0)$

4 $y=-\dfrac{5}{2}x$

5 (1) $y=30x+500$ (2) $x=50$ (3) 3400 円
(4) 3 回

解き方

1 変化の割合が負であるから，$x=-4$ のとき $y=10$，
$x=b$ のとき $y=-2$ になる。よって，
$10=-2\times(-4)+a$ より，$a=2$
また，$-2=-2b+2$ より，$b=2$

2 直線 OQ の式は原点と点 Q を通るので，$y=2x$
直線 QP の式は点 Q，P を通るので，
$y=-3x+15$
点 A の x 座標を a とすると，A$(a,\ 0)$，D$(a,\ 2a)$
となる。正方形 ABCD の 1 辺は AD$=2a-0=2a$
なので，C の x 座標は $a+2a=3a$，y 座標は D と等
しいので $2a$ である。また，点 C は直線 QP 上にあ
るので，$2a=-3\times3a+15$ より，$a=\dfrac{15}{11}$

よって，正方形の 1 辺の長さは，$2a=\dfrac{30}{11}$

3 (1) P$(12,\ 0)$ のとき，直線 CP の式は $y=-\dfrac{2}{3}x+8$

だから，$x=8$ のとき，$y=-\dfrac{2}{3}\times8+8=\dfrac{8}{3}$

よって，点 Q の座標は，$\left(8,\ \dfrac{8}{3}\right)$

(2) 台形 OABC の面積は，$\dfrac{1}{2}\times(6+8)\times8=56$ だか

ら，△CQB の面積が $56\times\dfrac{1}{4}=14$ になればよい。

このとき，$\dfrac{1}{2}\times$BQ$\times8=14$ より，BQ$=\dfrac{7}{2}$ にな

るから，点 Q の y 座標は $6-\dfrac{7}{2}=\dfrac{5}{2}$

このとき，直線 CQ の式は $y=-\dfrac{11}{16}x+8$ となる

ので，点 P の x 座標は，$0=-\dfrac{11}{16}x+8$ $x=\dfrac{128}{11}$

よって，点 P の座標は，$\left(\dfrac{128}{11},\ 0\right)$

(3) △CQB＝△APQ のとき，両辺に四角形 OAQC
を加えると，台形 OABC＝△OPC となる。台形
OABC の面積は 56 だから，
△OPC$=\dfrac{1}{2}\times$OP$\times8=56$ これより，OP$=14$
よって，点 P の座標は，$(14,\ 0)$

4 直線 BC と y 軸との交点を D とすると，3 点 B，D，
C の x 座標は順に -4，0，4 だから，D は辺 BC の
中点になっている。よって，△ABC の面積は線分
AD によって 2 等分されるから，
△BOD＋△AOD$=\dfrac{1}{2}$△ABC

ここで，線分 DC 上に，点 A と x 座標が等しい点（x
座標が 2 である点）E をとると，△AOD と△EOD
は同じ面積だから，
△BOD＋△EOD$=\dfrac{1}{2}$△ABC

つまり，△BOE$=\dfrac{1}{2}$△ABC となる。

したがって，直線 OE が求める直線であり，直線
BC の式が $y=-\dfrac{1}{2}x-4$ であることから，点 E の

y 座標は，$y=-\dfrac{1}{2}\times2-4=-5$

よって，O$(0,\ 0)$，E$(2,\ -5)$ を通る直線の式を求めて，
$y=-\dfrac{5}{2}x$

5 (1) $y=500+30\times x=30x+500$
(2) B プランについて，y を x の式で表すと，
$0 \leqq x \leqq 60$ のとき，$y=2000$
$x>60$ のとき，$y=2000+20(x-60)=20x+800$
これより，A プランと B プランの料金が等しく
なるのは，
$0 \leqq x \leqq 60$ のとき，$30x+500=2000$ より，
$x=50$
$x>60$ のとき，$30x+500=20x+800$ より，
$x=30$ となるが，これは x の変域を満たさない。
したがって，$x=50$

(3) x 分から 90 分後とは，50＋90＝140（分後）である。B プランで 140 分通話したときの料金は，
20×140＋800＝3600（円）
C プランで 140 分通話すると，
基本料金＋20 分間の通話料金（＝200 円）がかかるから，料金が等しくなるとき，
基本料金＋200＝3600
よって，C プランの基本料金は，
3600－200＝3400（円）

(4) 75 分通話すると，
A プランは，30×75＋500＝2750（円）
B プランは，20×75＋800＝2300（円）
また，45 分通話すると，
A プランは，30×45＋500＝1850（円）
B プランは，2000 円である。
75 分通話した月を x 回とすると，45 分通話した月は $(12-x)$ 回である。1 年間の料金が同額になるので，
$2750x+1850(12-x)=2300x+2000(12-x)$
この式を解いて，$x=3$
よって，75 分の月は 3 回。

Step C-② 解答 　本冊▶p.62〜p.63

1 (1) $\dfrac{3}{7} \leqq m \leqq 1$ 　(2) $\dfrac{2}{5} \leqq 2m+n \leqq \dfrac{26}{7}$

2 (1) 毎秒 2cm 　(2) BC＝5cm，CD＝7cm
　(3) $a=\dfrac{13}{2}$，$b=\dfrac{35}{2}$ 　(4) $\dfrac{56}{9}$ 秒後

3 (1) $\left(\dfrac{27}{4},\ \dfrac{9}{4}\right)$ 　(2) $\left(4,\ \dfrac{20}{3}\right)$
　(3) $\left(\dfrac{5p+12}{4},\ \dfrac{2}{3}p+4\right)$ 　(4) $y=\dfrac{8}{15}x+\dfrac{12}{5}$

解き方

1 (1) m は直線 ℓ の傾きなので，直線 ℓ が 2 点 A，C を通るとき最小で，2 点 B，D を通るとき最大になる。2 点 A，C を通るとき，
$m=\dfrac{4-(-2)}{8-(-6)}=\dfrac{3}{7}$
2 点 B，D を通るとき，$m=\dfrac{8-(-2)}{8-(-2)}=1$
よって，$\dfrac{3}{7} \leqq m \leqq 1$

(2) $2m+n$ は $y=mx+n$ において，$x=2$ のときの y の値である。これは，直線 ℓ が 2 点 B，C を通るとき最小で，2 点 A，D を通るとき最大になる。

直線 AD の式は，$y=\dfrac{5}{7}x+\dfrac{16}{7}$

直線 BC の式は，$y=\dfrac{3}{5}x-\dfrac{4}{5}$

$x=2$ のときの y の値はそれぞれ $\dfrac{26}{7}$，$\dfrac{2}{5}$ であるから，$\dfrac{2}{5} \leqq 2m+n \leqq \dfrac{26}{7}$

2 (1) グラフより，点 P は出発してから 4 秒後に頂点 B にきたことがわかるので，速さは，
8÷4＝2（cm／s）
※ 2cm／s は秒速 2cm を表している。

(2) 4 秒後，点 P が頂点 B にきたときの△APD の面積が 20cm² だから，$\dfrac{1}{2}×8×BC=20$ より，
BC＝5cm
また，グラフより，点 P は 10 秒後に頂点 D にきたことがわかるので，AB，BC，CD の長さの和は 2×10＝20（cm）
よって，CD の長さは，20－(8＋5)＝7（cm）

(3) 点 P は a 秒後に頂点 C にきたから，
$a=(8+5)÷2=\dfrac{13}{2}$

そのときの面積の値 b は，$b=\dfrac{1}{2}×7×5=\dfrac{35}{2}$

(4) 点 P が辺 BC 上にあるとき，BP＝$2x-8$（cm）より，△ABP の面積は，$\dfrac{1}{2}×(2x-8)×8=8x-32$
一方，△APD の面積を表す式は，$(4,\ 20)$，$\left(\dfrac{13}{2},\ \dfrac{35}{2}\right)$ を通る直線の式になるので，
$y=-x+24$
△ABP＝△APD のとき，$8x-32=-x+24$ より，$x=\dfrac{56}{9}$

このとき $4<\dfrac{56}{9}<\dfrac{13}{2}$ であるから，辺 BC 上にある。

よって，$\dfrac{56}{9}$ 秒後。

3 (1) 正方形の 1 辺の長さを a とすると，点 P の x 座標が 3 のとき点 P の座標は(3，6)なので，R の座標は$(3+a,\ 6-a)$ となる。点 R は直線②上にあるので，$6-a=\dfrac{1}{3}(3+a)$ 　$a=\dfrac{15}{4}$

よって，$R\left(3+\dfrac{15}{4},\ 6-\dfrac{15}{4}\right)=\left(\dfrac{27}{4},\ \dfrac{9}{4}\right)$

(2) 点 P の x 座標を p とすると，
$P\left(p,\ \dfrac{2}{3}p+4\right)$
$R\left(p+4,\ \dfrac{2}{3}p+4-4\right)=\left(p+4,\ \dfrac{2}{3}p\right)$

34

点 R は直線②上にあるから，$\dfrac{2}{3}p=\dfrac{1}{3}(p+4)$

これより，$p=4$

よって，点 P の座標は，$\left(4,\ \dfrac{20}{3}\right)$

(3) 正方形の 1 辺の長さを a とすると，

$\mathrm{P}\left(p,\ \dfrac{2}{3}p+4\right)$，$\mathrm{R}\left(p+a,\ \dfrac{2}{3}p+4-a\right)$，

$\mathrm{S}\left(p+a,\ \dfrac{2}{3}p+4\right)$

点 R は直線②上にあるので，

$\dfrac{2}{3}p+4-a=\dfrac{1}{3}(p+a)$ より，$a=\dfrac{p+12}{4}$

これを S の x 座標に代入して，

$p+\dfrac{p+12}{4}=\dfrac{5p+12}{4}$

よって，$\mathrm{S}\left(\dfrac{5p+12}{4},\ \dfrac{2}{3}p+4\right)$

(4) 点 S の x 座標と y 座標が満たす関係式を求めればよい。

$x=\dfrac{5p+12}{4}$ ……⑦，$y=\dfrac{2}{3}p+4$ ……⑦とすると，

⑦より，$4x=5p+12$　$p=\dfrac{4x-12}{5}$

④より，$3y=2p+12$　$p=\dfrac{3y-12}{2}$

これらから，$\dfrac{3y-12}{2}=\dfrac{4x-12}{5}$

y について解くと，$y=\dfrac{8}{15}x+\dfrac{12}{5}$

別解 (1)より，点 P の x 座標が 3 のとき，点 S の座標は $\left(\dfrac{27}{4},\ 6\right)$

また，点 P の x 座標が 0 のとき，点 S の座標は $(3,\ 4)$ とわかる。点 S がある直線上を動くことがわかっているので，その直線は 2 点 $\left(\dfrac{27}{4},6\right)$，$(3,4)$ を通るから，この 2 点を通る直線の式を求めて，

$y=\dfrac{8}{15}x+\dfrac{12}{5}$

第 4 章　平行と合同

11 | 図形と角度

Step A　解答　　　　　　　本冊 ▶ p.64〜p.65

1 (1) $85°$　(2) $55°$　(3) $102°$　(4) $26°$

2 (1) $50°$　　(2) $75°$

3 (1) $115°$　(2) $145°$　(3) $16°$

4 (1) $1260°$　(2) 正二十角形

解き方

1 (1) 図のように平行線をひくと，

$\angle a=180°-135°=45°$，

$\angle b=60°-20°=40°$

よって，$\angle x=\angle a+\angle b=45°+40°=85°$

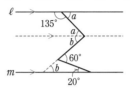

(2) 図のように平行線をひくと，

$\angle a=180°-117°=63°$，

$\angle b=42°$ だから，

$\angle c=63°+42°=105°$

よって，$\angle x=180°-(20°+105°)=55°$

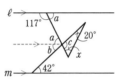

(3) 図で，$\angle a=71°$，$\angle b=180°-43°=137°$

四角形の内角の和は $360°$ だから，

$\angle x=360°-(71°+137°+50°)=102°$

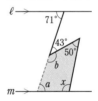

(4) 正五角形の 1 つの内角の大きさは $108°$ だから，図で，$\angle a=108°-10°=98°$，

$\angle b=180°-108°=72°$

よって，$\angle x=\angle a-\angle b=98°-72°=26°$

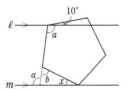

2 (1) 図で，$\angle a=10°$，$\angle b=60°-10°=50°$

よって，$\angle x=\angle b=50°$

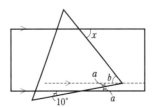

(2) $\angle x$ と $\angle y$ は平行線の錯角(さっかく)だから等しく，$\angle y$ と $\angle z$ は折り返しの角だから等しい。

したがって，$\angle x = \angle z$ となるので，

$\angle x = (180° - 30°) \div 2 = 75°$

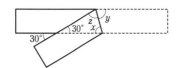

!ここに注意 長

方形のテープを折り返したとき，重なる部分は二等辺三角形になる。

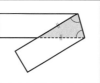

3 (1) ●のついた角を $\angle a$，×のついた角を $\angle b$ とすると，△ABC の内角の和より，

$50° + 2\angle a + 2\angle b = 180°$

これより，$2\angle a + 2\angle b = 130°$　$\angle a + \angle b = 65°$

よって，

$\angle BDC = 50° + \angle a + \angle b = 50° + 65° = 115°$

!ここに注意 右

のような形の図形では，

$\angle x = \angle a + \angle b + \angle c$

が成り立つ。

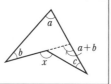

別解 △BDC の内角の和より，

$\angle BDC = 180° - (\angle a + \angle b) = 180° - 65° = 115°$

(2) $\angle ABE = \angle CBE = \angle a$，$\angle ADE = \angle CDE = \angle b$ とすると，四角形 ABCD の内角の和より，

$150° + 2\angle a + 80° + 2\angle b = 360°$

これより，$2\angle a + 2\angle b = 130°$　$\angle a + \angle b = 65°$

よって，$\angle x = 80° + \angle a + \angle b = 145°$

別解 四角形 ABED の内角の和より，

$\angle x = 360° - (150° + \angle a + \angle b) = 145°$

(3) $\angle BCD = \angle CDE = 108°$ より，

$\angle CDR = 180° - (40° + 108°) = 32°$，

$\angle BRD = 60°$

なので，$\angle CBR = 108° - (32° + 60°) = 16°$

4 (1) 九角形は 1 つの頂点を通る対角線によって 7 個の三角形に分けることができる。1 個の三角形の内角の和は 180° だから，九角形の内角の和は，

$180° \times 7 = 1260°$

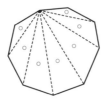

(2) この正多角形の 1 つの外角の大きさは，

$180° - 162° = 18°$

多角形の外角の和は 360° だから，

$360° \div 18° = 20$ より，外角が 20 か所あることになる。よって，正二十角形。

Step B 解答 本冊▶p.66〜p.67

1 (1) 142°　(2) 48°　(3) 50°　(4) 12°

2 (1) 180°　(2) 360°　(3) 540°

3 (1) 5 つの三角形 PAB，PBC，PCD，PDE，PEA の内角の和は $180° \times 5 = 900°$

このうち，点 P のまわりに集まる 5 つの角の和は 360° であるから，五角形の内角の和は，

$900° - 360° = 540°$

(2) n 角形の場合，n 個の三角形の内角の和は，

$180° \times n$

このうち，点 P のまわりに集まる n 個の角の和は 360° であるから，n 角形の内角の和は，

$180° \times n - 360° = 180° \times n - 180° \times 2$

$= 180° \times (n - 2)$

4 (1) $x - y = 17$，$a + b = 244$

(2) 120°　(3) 24°

解き方

1 (1) ○のついた角を $\angle a$，×のついた角を $\angle b$ とすると，△ABC の内角の和より，

$66° + 3\angle a + 3\angle b = 180°$

これより，$\angle a + \angle b = 38°$

△DBC の内角の和より，

$\angle BDC = 180° - (\angle a + \angle b) = 180° - 38° = 142°$

(2) AB = BC より，$\angle BAC = \angle BCA$ だから，

$\angle BCA = (180° - 36°) \div 2 = 72°$

DF∥BC だから，$\angle DFA = \angle BCA = 72°$

△DEF は正三角形だから，$\angle EFD = 60°$

よって，$\angle EFC = 180° - (72° + 60°) = 48°$

(3) $\angle EBD = \angle DBC = \angle a$，$\angle FCD = \angle DCB = \angle b$ とすると，△ABC の外角の和は 360° だから，

$2\angle a + 2\angle b + (180° - 80°) = 360°$

これより，$\angle a + \angle b = 130°$

△BDC の内角の和より，

$\angle x = 180° - (\angle a + \angle b) = 180° - 130° = 50°$

(4) ∠B + ∠C = 180° − 120° = 60°

∠ABC = ∠a とすると，図のようになるから，

∠a + 4∠a = 60°　5∠a = 60°　∠a = 12°

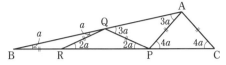

2 (1) 図で，∠f = ∠a + ∠c + ∠d

よって，∠a + ∠b + ∠c + ∠d + ∠e は色のついた三角形の内角の和と等しいことがわかるから，180° である。

(2) 図で，∠d + ∠e = ∠g + ∠h だから，

∠a + ∠b + ∠c + ∠d + ∠e + ∠f

= ∠a + ∠b + ∠c + ∠g + ∠h + ∠f

よって，色のついた四角形の内角の和と等しいことがわかるから，360° である。

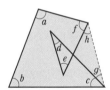

> **ここに注意**　右のような形の図形では，
> ∠a + ∠b = ∠c + ∠d
> が成り立つ。

(3) 図で，∠b + ∠f = ∠h + ∠i だから，

∠a + ∠b + ∠c + ∠d + ∠e + ∠f + ∠g

= ∠a + ∠c + ∠h + ∠i + ∠d + ∠e + ∠g

よって，色のついた五角形の内角の和と等しいことがわかるから，540° である。

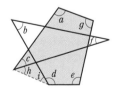

別解 図で，∠h = ∠b + ∠c + ∠f だから，

∠a + ∠b + ∠c + ∠d + ∠e + ∠f + ∠g

= ∠a + ∠h + ∠d + ∠e + ∠g

よって，色のついた五角形の内角の和と等しいことがわかるから，540° である。

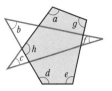

別解 (2)，(3) では(1) の星形五角形の角の和が180° であることを利用して，次のように求めることもできる。

(2)

星形五角形 + 三角形
= 180° + 180° = 360°

(3)

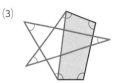

星形五角形 + 四角形
= 180° + 360° = 540°

4 (1) 図のように，ℓ, m と平行な直線をひくと，

x° − 47° = y° − 30° より，x − y = 17

(a° − 35°) + (b° − 29°) = 180° より，a + b = 244

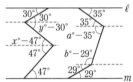

(2) 図で，平行線の同位角，錯角は等しいから，

∠a = 42°

∠b = 90° − 12° = 78° だから，

∠x = ∠a + ∠b = 42° + 78° = 120°

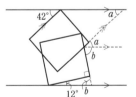

(3) 図で，○のついた角の大きさは，

120° ÷ 2 = 60°

△AOD の内角の和より，

∠OAD = 180° − (38° + 60°) = 82°，

∠ODA = 180° − (46° + 60°) = 74° だから，

∠x = 180° − (82° + 74°) = 24°

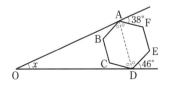

1 △DEF ≡ △TSU

合同条件…3組の辺がそれぞれ等しい

△GHI ≡ △NMO

合同条件…1組の辺とその両端の角がそれぞれ等しい

△JKL ≡ △QRP

合同条件…2組の辺とその間の角がそれぞれ等しい

2 △ABE と△BCF において，

四角形 ABCD は正方形だから，

AB＝BC……①

∠ABE＝∠BCF＝90°……②

仮定より，BE＝CF……③

①，②，③より，2組の辺とその間の角がそれぞれ等しいから，△ABE ≡ △BCF

3 △ABO と△CDO において，

仮定より，AO＝CO……①

対頂角は等しいから，

∠AOB＝∠COD……②

AB∥CD より，平行線の錯角が等しいから，

∠BAO＝∠DCO……③

①，②，③より，1組の辺とその両端の角がそれぞれ等しいから，△ABO ≡ △CDO

4 △ABD と△ACE において，

仮定より，AD＝AE……①

△ABC は正三角形だから，AB＝AC……②

∠BCA＝∠DAB＝60°

また，AE∥BC より，平行線の錯角が等しいから，∠EAC＝∠BCA＝60°

よって，∠DAB＝∠EAC……③

①，②，③より，2組の辺とその間の角がそれぞれ等しいから，△ABD ≡ △ACE

合同な三角形の対応する角は等しいから，

∠ABD＝∠ACE

5 △ACD と△BCE において，

△ABC は正三角形だから，AC＝BC……①

△ECD は正三角形だから，CD＝CE……②

また，正三角形の1つの内角は60°だから，

∠ACD＝180°－∠ACB＝180°－60°＝120°

∠BCE＝180°－∠ECD＝180°－60°＝120°

よって，∠ACD＝∠BCE……③

①，②，③より，2組の辺とその間の角がそれぞれ等しいから，△ACD ≡ △BCE

6 △OAP と△OBP において，

作図の手順より，

OA＝OB……①，AP＝BP……②

共通した辺だから，OP＝OP……③

①，②，③より，3組の辺がそれぞれ等しいから，△OAP ≡ △OBP

合同な三角形の対応する角は等しいから，

∠AOP＝∠BOP

よって，OP は∠XOY の二等分線である。

解き方

1 ❗ ここに注意 　三角形の合同条件を考える問題は，次のような場合に注意する。

・1組の辺と（その両端にはならない）2つの角がそれぞれ等しい場合。

⇒このとき，3つ目の角も必ず等しくなるので，1組の辺とその両端の角がそれぞれ等しいことになり，三角形は合同になる。証明では，3つ目の角が等しいこと示して「合同条件」とする。

・2組の辺と（その間ではない）1つの角がそれぞれ等しい場合。

⇒このとき三角形が合同になるときとならないときがあるので「合同条件」とはならない。

1 PQ と AB の交点を H とする。

△PAH と△QAH において，

△PAB ≡ △QAB より，

PA＝QA……①，∠PAH＝∠QAH……②

共通した辺だから，AH＝AH……③

①，②，③より，2組の辺とその間の角がそれぞれ等しいから，△PAH ≡ △QAH

合同な三角形の対応する角は等しいから，

∠PHA＝∠QHA

ここで，∠PHA＋∠QHA＝180°だから，

∠PHA＝∠QHA＝90°

したがって，PQ⊥AB

2 (1) △ADB と △AEC において，
△ABC は正三角形だから，AB＝AC……①
△ADE は正三角形だから，AD＝AE……②
また，正三角形の1つの内角は 60° だから，
∠DAB＝∠DAE － ∠BAE＝60° － ∠BAE
∠EAC＝∠BAC － ∠BAE＝60° － ∠BAE
よって，∠DAB＝∠EAC……③
①，②，③より，2組の辺とその間の角が
それぞれ等しいから，△ADB ≡ △AEC

(2) △ADB ≡ △AEC より，対応する角は等し
いから，∠DBA＝∠ECA＝60°
よって，∠DBA＝∠BAC＝60° となり，
<ruby>錯角<rt>さっかく</rt></ruby>が等しいから，DB∥AC

3 △GBC と △EDC において，
四角形 ABCD，CEFG は正方形だから，
BC＝DC……①，GC＝EC……②
∠GCB＝∠ECD＝90°……③
①，②，③より，2組の辺とその間の角がそ
れぞれ等しいから，△GBC ≡ △EDC
合同な三角形の対応する角は等しいから，
∠BGC＝∠DEC……④
△GHD と △ECD に内角について，
対頂角は等しいから，∠GDH＝∠EDC……⑤
④より，∠HGD＝∠CED……⑥
⑤，⑥より，∠GHD＝∠ECD＝90°
よって，BG ⊥ EH

4 (1) △AOM と △EON において，
O は MN の中点だから，OM＝ON……①
対頂角は等しいから，
∠AOM＝∠EON……②
AD∥BC より，平行線の錯角が等しいから，
∠AMO＝∠ENO……③
①，②，③より，1組の辺とその<ruby>両端<rt>りょうたん</rt></ruby>の角
がそれぞれ等しいから，△AOM ≡ △EON

(2) AM＝DM，BN＝CN，AD∥BC だから，
台形 ABNM と台形 MNCD は上底，下底，
高さがそれぞれ等しい。
よって，台形 ABNM＝台形 MNCD
これより，
台形 ABNM＝台形 MNCD
$=\frac{1}{2}$台形 ABCD
また，△AOM と △EON は合同なので面

積が等しい。よって，
△ABE＝四角形 ABNO ＋ △EON
　　　＝四角形 ABNO ＋ △AOM
　　　＝台形 ABNM $=\frac{1}{2}$台形 ABCD
したがって，直線 AE は台形 ABCD の面
積を2等分する。

5 (1) △OBE と △OCF において，
△OBC は直角二等辺三角形になるから，
OB＝OC……①
∠OBE＝∠OCF＝45°……②
また，
∠BOE＝∠BOC － ∠EOC＝90° － ∠EOC
∠COF＝∠EOF － ∠EOC＝90° － ∠EOC
であるから，∠BOE＝∠COF……③
①，②，③より，1組の辺とその両端の角
がそれぞれ等しいから，△OBE ≡ △OCF

(2) 16cm²

5 (2) △OBE と △OCF は合同だから面積が等しい。
よって，四角形 OECF ＝ △OEC ＋ △OCF
　　　　　　　　　＝ △OEC ＋ △OBE
　　　　　　　　　＝ △OBC
また，BC＝BE＋CE＝CF＋CE＝3＋5＝8(cm)よ
り，四角形 OECF ＝ △OBC $=\frac{1}{2}$×8×4＝16(cm²)

13 合同と証明 ②

1 (1) △AED と △CFD において，
仮定より，AE＝CF……①
四角形 ABCD は正方形なので，
AD＝CD……②
∠EAD＝∠FCD＝90°……③
①，②，③より，2組の辺とその間の角が
それぞれ等しいから，△AED ≡ △CFD

(2) 40°

2 (1) △ADH と △ABC において，
四角形 ABED は正方形だから，
AD＝AB……①
仮定より，∠AHD＝∠ACB＝90°……②
また，

∠DAH＝∠DAB−∠HAB＝90°−∠HAB
∠BAC＝∠HAC−∠HAB＝90°−∠HAB
であるから，∠DAH＝∠BAC……③
②，③より，∠ADH＝∠ABC……④
①，③，④より，1組の辺とその両端の角がそれぞれ等しいから，△ADH≡△ABC
(2) 9cm²

3 △ABFと△EDFにおいて，
四角形ABCDは長方形なので，
AB＝CD……①
∠BAF＝∠BCD＝90°……②
折り返した図形なので，
CD＝ED……③
∠BCD＝∠DEF＝90°……④
①，③より，AB＝ED……⑤
②，④より，∠BAF＝∠DEF……⑥
対頂角は等しいから，∠AFB＝∠EFD……⑦
⑥，⑦より，∠ABF＝∠EDF……⑧
⑤，⑥，⑧より，1組の辺とその両端の角がそれぞれ等しいから，△ABF≡△EDF

4 △BEDと△BCAにおいて，
△DBA，△EBCは正三角形だから，
BD＝BA……①，BE＝BC……②
また，
∠DBE＝∠DBA−∠EBA＝60°−∠EBA
∠ABC＝∠EBC−∠EBA＝60°−∠EBA
であるから，∠DBE＝∠ABC……③
①，②，③より，2組の辺とその間の角がそれぞれ等しいから，△BED≡△BCA……④
同様にして，△ECFと△BCAにおいて，
2組の辺とその間の角がそれぞれ等しいから，
△ECF≡△BCA……⑤
④，⑤より，△BED≡△ECF

5 辺CD上に∠PER＝90°となる点E，辺BC上に∠SFQ＝90°となる点Fをとる。
△PERと△SFQにおいて，
仮定より，∠PER＝∠SFQ＝90°……①
四角形APED，ABFSは長方形になるから，
PE＝AD，SF＝AB
AD＝ABであるから，PE＝SF……②
また，PRとSFの交点をG，PEとSFの交点をIとすると，△PGIと△SGHの内角について，

∠PGI＝∠SGH（対頂角），
∠PIG＝∠SHG＝90°であるから，
∠GPI＝∠GSH
これより，∠RPE＝∠QSF……③
①，②，③より，1組の辺とその両端の角がそれぞれ等しいから，△PER≡△SFQ
合同な三角形の対応する辺は等しいから，
PR＝SQ

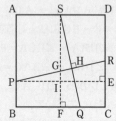

解き方
1 (2)(1)より，∠ADE＝∠CDF
△AEDの内角について，
∠ADE＝180°−(90°＋65°)＝25°
∠EDF＝∠ADC−(∠ADE＋∠CDF)
＝90°−25°×2＝40°

2 (2) △ADH≡△ABCより，
△ADH＝△ABC＝9cm²
また，AH＝AC＝AGだから，
△AGD＝△ADH
よって，△AGD＝9cm²

Step B　解答

本冊▶p.74～p.75

1 (1) △AFDと△CFDにおいて，
四角形ABCDは正方形だから，
AD＝CD……①
∠ADF＝∠CDF＝45°……②
共通した辺だから，FD＝FD……③
①，②，③より，2組の辺とその間の角がそれぞれ等しいから，△AFD≡△CFD
(2) 73°

2 (1) △BCHと△BEHにおいて，
仮定より，∠CBH＝∠EBH……①
∠CHB＝∠EHB＝90°……②
共通した辺だから，BH＝BH……③
①，②，③より，1組の辺とその両端の角がそれぞれ等しいから，△BCH≡△BEH

(2) △BCH≡△BEH より，CH＝EH
よって，CE＝2CH……①
△ABD と△ACE において，
仮定より，AB＝AC……②
　　　　　∠BAD＝∠CAE＝90°……③
また，△ABD と△HCD の内角について，
∠ADB＝∠HDC（対頂角），
∠BAD＝∠CHD＝90°より，
∠ABD＝∠HCD
すなわち，∠ABD＝ACE……④
②，③，④より，1組の辺とその両端の角
がそれぞれ等しいから，△ABD≡△ACE
合同な三角形の対応する辺は等しいから，
BD＝CE……⑤
①，⑤より，BD＝2CH

3 (1) △BAD と△ACE において，
仮定より，AB＝AC
つまり，AB＝CA……①
∠ADB＝∠CEA＝90°……②
また，一直線の角度は180°だから，
∠BAD＝180°−∠BAC−∠CAE
　　　　＝180°−90°−∠CAE
　　　　＝90°−∠CAE
三角形の内角の和は180°だから，
∠ACE＝180°−∠AEC−∠CAE
＝180°−90°−∠CAE＝90°−∠CAE
よって，∠BAD＝∠ACE……③
②，③より，∠ABD＝∠CAE……④
①，③，④より，1組の辺とその両端の角
がそれぞれ等しいから，△BAD≡△ACE
(2) 50cm²

4 (1) △BPE と△BPF において，
共通した辺だから，BP＝BP……①
仮定より，∠EBP＝∠FBP……②
∠PBA＝∠PBC……③
∠PCB＝∠PCA……④
また，∠ABC＋∠ACB＝180°−60°＝120°

③，④より，∠PBC＝$\frac{1}{2}$∠ABC

　　　　　　　∠PCB＝$\frac{1}{2}$∠ACB

∠PBC＋∠PCB

＝$\frac{1}{2}$（∠ABC＋∠ACB）＝60°

よって，∠BPC＝180°−60°＝120° となり，
PF は∠BPC の二等分線であるから，

∠BPF＝120°×$\frac{1}{2}$＝60°

また，∠BPE＝180°−∠BPC＝180°−120°
＝60°だから，∠BPE＝∠BPF……⑤
①，②，⑤より，1組の辺とその両端の角
がそれぞれ等しいから，△BPE≡△BPF
(2) 18cm²

解き方

1 (2) ∠AGB＝28°のとき，AD∥BG より，平行線の
錯角（さっかく）が等しいから，∠DAF＝∠AGB＝28°
(1)より，∠DCF＝∠DAF＝28°だから，
∠FCB＝∠BCD−∠DCF＝90°−28°＝62°
よって，∠BFC＝180°−（45°＋62°）＝73°

3 (2) △BAD≡△ACE より，対応する辺の長さが等
しいから，AD＝CE＝$a$cm，BD＝AE＝$b$cm
とすると，台形 BCED の面積は，
$\frac{1}{2}$×（BD＋CE）×DE＝$\frac{1}{2}$×（b＋a）×（a＋b）
となるが，DE＝a＋b＝10cm だから，
$\frac{1}{2}$×10×10＝50（cm²）

4 (2) (1)と同様にして，△CPD≡△CPF がいえるか
ら，△BPE と△BPF の面積を$a$cm²，△CPD
と△CPF の面積を$b$cm² とすると，
△PBC＝20cm² より，a＋b＝20
四角形 AEPD＝△ABC−（2a＋2b）
＝58−20×2＝18（cm²）

Step C-① 　解答　　　　　　本冊▶p.76〜p.77

1 (1) 85°　(2) 21°　(3) 540°　(4) 正十五角形
2 ∠BAC＝2a°，∠BDE＝2b° とすると，
∠AGD＝∠ABD＋a°＋b°……①
∠AGD＝∠AFD−（a°＋b°）……②
①＋②より，2∠AGD＝∠ABD＋∠AFD

したがって，∠AGD＝$\frac{1}{2}$（∠ABD＋∠AFD）

3 仮定より，∠BEP＝∠FEP
　　　　　　∠DFP＝∠EFP なので，

∠FEP＝$\frac{1}{2}$∠BEF，∠EFP＝$\frac{1}{2}$∠DFE

AB∥CD より，平行線の錯角（さっかく）が等しいから，
∠BEF＝∠CFE

∠CFE＋∠DFE＝∠BEF＋∠DFE＝180°
なので，

∠FEP＋∠EFP＝$\frac{1}{2}$∠BEF＋$\frac{1}{2}$∠DFE

$\qquad\qquad\quad$ ＝$\frac{1}{2}$(∠BEF＋∠DFE)＝90°

△PEFの内角の和は180°だから，

∠EPF＝180°−(∠FEP＋∠EFP)
$\qquad\quad$ ＝180°−90°＝90°

4 △OBCと△OADにおいて，

仮定より，OB＝OA……①，OC＝OD……②

共通した角だから，∠BOC＝∠AOD……③

①，②，③より，2組の辺とその間の角がそれぞれ等しいから，△OBC≡△OAD……④

△APCと△BPDにおいて，

①，②より，AC＝BD……⑤

④より，∠ACP＝∠BDP……⑥

また，∠OAD＝∠OBCであるので，

∠CAP＝∠DBP……⑦

⑤，⑥，⑦より，1組の辺とその両端（りょうたん）の角がそれぞれ等しいので，△APC≡△BPD

合同な三角形の対応する辺は等しいから，

CP＝DP……⑧

△OPCと△OPDにおいて，

共通した辺だから，OP＝OP…⑨

②，⑧，⑨より，3組の辺がそれぞれ等しいから，△OPC≡△OPD

したがって，∠COP＝∠DOPとなり，半直線OPは∠XOYを2等分する。

5 (1) △AMEと△PMGにおいて，

仮定より，AM＝PM……①

EM＝GM……②

対頂角は等しいから，

∠AME＝∠PMG……③

①，②，③より，2組の辺とその間の角がそれぞれ等しいから，△AME≡△PMG

合同な三角形の対応する辺，角は等しいから，

AE＝GP……④，∠EAM＝∠GPM……⑤

△ABCと△GPAにおいて，

四角形ABDE，ACFGは正方形だから，

AB＝AE……⑥，AC＝GA……⑦

④，⑥より，AB＝GP……⑧

⑤より，錯角が等しいから，AE∥GP

よって，∠AGP＋∠EAG＝180°……⑨

また，∠CAB＋∠EAG

$\qquad$ ＝360°−(∠BAE＋∠CAG)

$\qquad$ ＝360°−(90°＋90°)

$\qquad$ ＝180°……⑩

⑨，⑩より，∠CAB＝∠AGP……⑪

⑦，⑧，⑪より，2組の辺とその間の角がそれぞれ等しいから，△ABC≡△GPA

合同な三角形の対応する辺は等しいから，

BC＝PA

(2) △ABC≡△GPAより，∠ACB＝∠GAP

∠QAC＝180°−∠GAP−∠GAC

$\qquad$ ＝180°−∠ACB−90°＝90°−∠ACB

三角形の内角の和は180°だから，

∠AQC＝180°−∠QAC−∠ACB

$\qquad\quad$ ＝180°−(90°−∠ACB)−∠ACB

$\qquad\quad$ ＝90°

よって，PQ⊥BCである。

解き方

1 (1) 図で，∠a＝105°−45°＝60°，∠b＝25°だから，

∠x＝60°＋25°＝85°

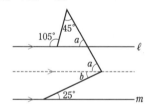

(2) ∠ABC＝2a° ∠ACE＝2b°とすると，

△ABCの内角と外角の関係より，

∠ACE＝∠BAC＋∠ABC＝42°＋2a°＝2b°

これより，2b°−2a°＝42°，b°−a°＝21°

△DBCの内角と外角の関係より，

∠DCE＝∠BDC＋∠DBC＝∠x＋a°＝b°

これより，∠x＝b°−a°＝21°

(3) ∠a〜gの7つの角の和は，太線の四角形の内角の和と色のついた三角形の内角の和に等しいから，360°＋180°＝540°

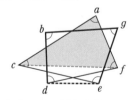

(4) 1つの内角と1つの外角の和は180°だから，1つ

42

の外角の大きさは，$180° \times \dfrac{2}{13+2} = 24°$

よって，$360° \div 24° = 15$ より，正十五角形。

Step C-② 解答

本冊▶p.78〜p.79

1 (1) ○ (2) ○ (3) ×

2 $\dfrac{1}{a} + \dfrac{1}{b} = \dfrac{5}{12}$

3 (1) 9 (2) ∠BQC ＝ 120°，∠AQB ＝ 120°

4 △ABE と △FBE において，
共通した辺だから，BE ＝ BE……①
仮定より，∠ABE ＝ ∠FBE……②
また，△ABD と △ABC の内角について，
∠ABD ＝ ∠ABC，
∠ADB ＝ ∠BAC ＝ 90° より，
∠BAD ＝ ∠BCA
すなわち，∠BAE ＝ ∠BCA……③
EF∥AC より，平行線の同位角が等しいので，
∠BCA ＝ ∠BFE……④
③，④より，∠BAE ＝ ∠BFE……⑤
②，⑤より，∠AEB ＝ ∠FEB……⑥
①，②，⑥より，1組の辺とその両端の角が
それぞれ等しいから，△ABE ≡ △FBE

5 (1) △AEB と △CDB において，
△ABC，△BDE は正三角形だから，
AB ＝ CB……①，BE ＝ BD……②
∠ABE ＝ ∠DBE ＋ ∠ABD ＝ 60° ＋ ∠ABD
∠CBD ＝ ∠CBA ＋ ∠ABD ＝ 60° ＋ ∠ABD
であるから，∠ABE ＝ ∠CBD……③
①，②，③より，2組の辺とその間の角が
それぞれ等しいから，△AEB ≡ △CDB
(2) 2 cm²

6 線分 AD 上に，CE ＝ CD となる点 E をとる。
△CED は二等辺三角形で，内角 ∠CDE ＝ 60°
であるから正三角形である。

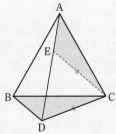

△AEC と △BDC において，
△ABC は正三角形だから，AC ＝ BC……①

点 E のとり方より，CE ＝ CD……②
∠ACE ＝ ∠ACB － ∠ECB ＝ 60° － ∠ECB
∠BCD ＝ ∠ECD － ∠ECB ＝ 60° － ∠ECB
より，∠ACE ＝ ∠BCD……③
①，②，③より，2組の辺とその間の角がそ
れぞれ等しいから，
△AEC ≡ △BDC
合同な三角形の対応する辺は等しいから，
AE ＝ BD
△CED は正三角形だから，ED ＝ CD
よって，AD ＝ AE ＋ ED ＝ BD ＋ CD

解き方

1 それぞれの四角形を対角線で分けたときの2つの三
角形が，どちらもたがいに合同であればよい。
(1) △ABD と △PQS は2組の辺とその間の角がそ
れぞれ等しいから合同である。
　　よって，BD ＝ QS
　　すると，△DBC と △SQR は3組の辺がそれぞ
れ等しいから合同になる。
　　よって，四角形 ABCD ≡ 四角形 PQRS

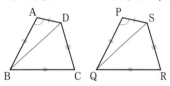

(2) △ABC と △PQR は2組の辺とその間の角がそ
れぞれ等しいから合同である。よって，
AC ＝ PR，∠ACB ＝ ∠PRQ
∠C ＝ ∠R と ∠ACB ＝ ∠PRQ から，
∠ACD ＝ ∠PRS
すると，△ACD と △PRS は2組の辺とその間
の角がそれぞれ等しいから合同になる。
よって，四角形 ABCD ≡ 四角形 PQRS

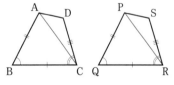

(3) 下の図のような場合がある。

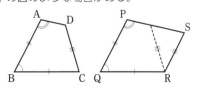

2 4つの図形の1つずつの内角の和が360°になればよい。正 n 角形の1つの外角の大きさは $\dfrac{360°}{n}$,

1つの内角の大きさは $180° - \dfrac{360°}{n}$ だから,

$$60 + 90 + \left(180 - \dfrac{360°}{a}\right) + \left(180 - \dfrac{360°}{b}\right) = 360$$

これより, $\dfrac{360°}{a} + \dfrac{360°}{b} = 150$

両辺を360でわって, $\dfrac{1}{a} + \dfrac{1}{b} = \dfrac{5}{12}$

3 (1) △APBと△DP′Bにおいて,

△ABD, △BPP′は正三角形だから,

AB＝DB……①, PB＝P′B……②

また, ∠ABP＝60°－∠ABP′＝∠DBP′……③

①, ②, ③より, 2組の辺とその間の角がそれぞれ等しいから, △APB≡△DP′B

よって, P′D＝PA＝4, PP′＝PB＝2となり,

CPP′D＝CP＋PP′＋P′D＝3＋2＋4＝9

(2) (1)より, CPP′D＝PC＋PB＋PAだから, C, P, P′, D が一直線上にならぶような点Pの位置が点Qである。したがって, CとDを結んだ線分上に, △BQQ′が正三角形になるように点Q, Q′をとればよい。

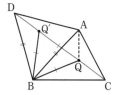

このとき, ∠BQC＝180°－∠BQQ′＝120°

∠AQB＝∠DQ′B＝180°－∠BQ′Q＝120°

5 (2) △AEB≡△CDBより, この2つの三角形の面積は等しく, △BFDの部分で重なっているから, 重なっていない部分の面積も等しい。

よって, △BDE＋△ADF＝△FBC

これより, △ADF＝△FBC－△BDE

＝17－15＝2 (cm²)

第5章　三角形と四角形

14 いろいろな三角形

Step**A**　解答　　　　　本冊▶p.80〜p.81

1 (1) 逆…△ABCにおいて, ∠B＝∠Cならば, AB＝ACである。→○

(2) 逆…∠A＝∠D, ∠B＝∠E, ∠C＝∠F ならば, △ABC≡△DEFである。→×

反例…次の図のような場合。

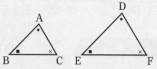

(3) 逆… $ab > 9$ ならば, $a > 3$, $b > 3$ である。

→×

反例… $a = 1$, $b = 10$

2 (1) △DBCと△ECBにおいて,

AB＝AC, AD＝AEより, DB＝EC……①

共通した辺だから, BC＝CB……②

二等辺三角形の底角は等しいから,

∠DBC＝∠ECB……③

①, ②, ③より, 2組の辺とその間の角がそれぞれ等しいから, △DBC≡△ECB

(2) △FBCにおいて,

△DBC≡△ECBより, ∠DCB＝∠EBC

つまり, ∠FCB＝∠FBC

2つの角が等しいので, △FBCは FB＝FCの二等辺三角形である。

3 △AEDと△AFDにおいて,

共通した辺だから, AD＝AD……①

仮定より, ∠AED＝∠AFD＝90°……②

∠EAD＝∠FAD……③

①, ②, ③より, 直角三角形の斜辺と1つの鋭角がそれぞれ等しいから, △AED≡△AFD

合同な三角形の対応する辺は等しいから,

DE＝DF

4 △ABPと△CAQにおいて,

仮定より, AB＝CA……①

∠APB＝∠CQA＝90°……②

また, ∠ABP＝180°－∠APB－∠BAP

＝180°－90°－∠BAP＝90°－∠BAP

∠CAQ＝∠BAC－∠BAP＝90°－∠BAP

であるから, ∠ABP＝∠CAQ……③

①, ②, ③より, 直角三角形の斜辺と1つの鋭角がそれぞれ等しいから, △ABP≡△CAQ

合同な三角形の対応する辺は等しいから,

BP＝AQ, CQ＝AP

よって, BP－CQ＝AQ－AP＝PQ

5 △ABDと△EBDにおいて,

仮定より, ∠BAD＝∠BED＝90°……①

∠ABD＝∠EBD……②

共通した辺だから，BD＝BD……③

①，②，③より，直角三角形の斜辺と１つの鋭

角がそれぞれ等しいから，△ABD≡△EBD

合同な三角形の対応する辺は等しいから，

AB＝BE……④，AD＝DE……⑤

また，∠CED＝90°，∠DCE＝45°より，

△CDEは直角二等辺三角形であるから，

DE＝EC……⑥

⑤，⑥より，AD＝EC……⑦

④，⑦より，AB＋AD＝BE＋EC＝BC

解き方

1 ⚠ **ここに注意** 正しいことの逆はいつで

も正しいとはかぎらない。

Step B 解答 本冊▶p.82〜p.83

1 △DECにおいて，

仮定より，∠ECB＝∠DCE

EF∥BCより，平行線の錯角（さっかく）が等しいから，

∠ECB＝∠DEC

よって，∠DEC＝∠DCE

２つの角が等しいので，△DECは二等辺三角

形である。よって，DE＝DC……①

同様にして，DF＝DC……②

①，②より，DE＝DF

2 ⑦二等辺三角形の底角は等しいから，

∠DBP＝∠ACB

BG∥ACより，平行線の錯角が等しいから，

∠GBP＝∠ACB

⑦PD＝PG

⑦PE－PD＝BF

3 28cm

4 (1)OとA，OとBをそれぞれ結ぶ。

△OAHと△OBHにおいて，

仮定より，∠OHA＝∠OHB＝90°……①

円の半径は等しいから，OA＝OB……②

共通した辺だから，OH＝OH……③

①，②，③より，直角三角形の斜辺（しゃへん）と他の

１辺がそれぞれ等しいから，

△OAH≡△OBH

合同な三角形の対応する辺は等しいから，

AH＝BH

(2)OとA，OとB，OとPをそれぞれ結ぶ。

△PAOと△PBOにおいて，

共通した辺だから，PO＝PO……①

円の半径は等しいから，OA＝OB……②

中心と接点を結ぶ円の半径は接線と垂直だ

から，∠PAO＝∠PBO＝90°……③

①，②，③より，直角三角形の斜辺と他の

１辺がそれぞれ等しいから，

△PAO≡△PBO

合同な三角形の対応する辺は等しいから，

PA＝PB

5 辺AB，AC上にそれぞれ点D，Eを，

MD⊥AB，ME⊥ACとなるようにとる。

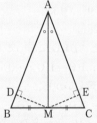

△ADMと△AEMにおいて，

仮定より，∠ADM＝∠AEM＝90°……①

　　　　　∠DAM＝∠EAM……②

共通した辺だから，AM＝AM……③

①，②，③より，直角三角形の斜辺と１つの鋭（えい）

角がそれぞれ等しいから，△ADM≡△AEM

合同な三角形の対応する辺は等しいから，

AD＝AE……④

次に，△DBMと△ECMにおいて，

仮定より，∠BDM＝∠CEM＝90°……⑤

BM＝CM……⑥

△ADM≡△AEMより，DM＝EM……⑦

⑤，⑥，⑦より，直角三角形の斜辺と他の１

辺がそれぞれ等しいから，△DBM≡△ECM

合同な三角形の対応する辺は等しいから，

DB＝EC……⑧

④，⑧より，AB＝AD＋DB＝AE＋EC＝AC

解き方

3 △DBPにおいて，

仮定より，∠PBC＝∠DBP

DE∥BCより，平行線の錯角が等しいので，

∠PBC＝∠DPB

よって，∠DPB＝∠DBPなので，DP＝DB

同様にして，EC＝EP

△ADE の周の長さ ＝AD＋DE＋AE

$= AD+(DP+EP)+AE$

$= AD+DB+EC+AE$

$= (AD+DB)+(AE+EC)$

$= AB+AC=15+13=28(cm)$

> **⚠ ここに注意** 「角の2等分線」と「平行線」が同時に現れる図形では，二等辺三角形ができやすい。

15 平行四辺形

Step A **解答**

本冊▶p.84〜p.85

1 (1) 53° (2) 70° (3) 33°

2 (1) 90° (2) 2cm

3 (1) △BFO と△DEO において，

仮定より，BO＝DO……①

対頂角は等しいから，

∠BOF＝∠DOE……②

AD∥BC より，平行線の錯角が等しいから，

∠OBF＝∠ODE……③

①，②，③より，1組の辺とその両端の角がそれぞれ等しいから，△BFO ≡△DEO

(2) 四角形 EBFD において，

仮定より，BO＝DO

△BFO ≡△DEO より，FO＝EO

よって，対角線がそれぞれの中点で交わるから，四角形 EBFD は平行四辺形である。

4 (1) △ABE と△CDF において，

仮定より，∠AEB ＝∠CFD＝90°……①

平行四辺形の対辺は等しいから，

AB＝CD……②

AB∥CD より，平行線の錯角が等しいから，

∠ABE ＝∠CDF……③

①，②，③より，直角三角形の斜辺と1つの鋭角がそれぞれ等しいから，

△ABE ≡△CDF

(2) 四角形 AECF において，

AE⊥BD，CF⊥BD より，AE∥CF

△ABE ≡△CDF より，AE＝CF

よって，1組の対辺が平行でその長さが等しいから，四角形 AECF は平行四辺形である。

解き方

1 (1) 平行四辺形の対角は等しいから，

$2\angle a=74°$

これより，∠a＝74°÷2＝37°

△AHD で，∠b＝180°－(90°＋37°)＝53°

よって，平行線の錯角が等しいから

∠x ＝∠b＝53°

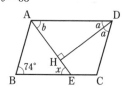

(2) ∠A＋∠B＝180° だから，

30°＋∠a＋80°＝180°　∠a＝70°

△AED で，∠x＝180°－(70°＋40°)＝70°

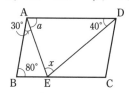

(3) ∠A＋∠D＝180° だから，

∠a＝180°－98°＝82°

∠b＝(180°－82°)÷2＝49°

∠c＝98°－49°＝49°

∠B＝∠D より，

∠ABE ＝∠a－∠c＝82°－49°＝33°

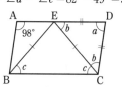

2 (1) 図で，∠A＋∠D＝180° より，

$2\angle a+2\angle b=180°$

よって，∠a＋∠b＝90° だから，

∠AGD＝180°－(∠a＋∠b)＝180°－90°

＝90°

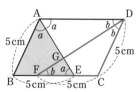

(2) AD∥BC より，平行線の錯角が等しいから，

∠AEB ＝∠DAE ＝∠a

∠DFC ＝∠ADF ＝∠b

よって，∠AEB ＝∠EAB ＝∠a

∠DFC ＝∠FDC ＝∠b だから，

BE＝AB＝5cm，CF＝CD＝5cm
EF＝BE＋CF－BC＝5＋5－8＝2(cm)

1 四角形 ANCM において，
四角形 ABCD は平行四辺形だから，
AD＝BC
M，N はそれぞれ AD，BC の中点だから，
AM＝NC……①
また，AD∥BC だから，AM∥NC……②
①，②より，1 組の対辺が平行でその長さが
等しいから，四角形 ANCM は平行四辺形で
ある。
よって，AN∥MC……③
同様にして，1 組の対辺が平行でその長さが
等しいから，四角形 MBND は平行四辺形で
ある。
よって，BM∥ND……④
③，④より，2 組の対辺がそれぞれ平行だか
ら，四角形 ENFM は平行四辺形である。

2 △ADE と△CFD において，
平行四辺形の対辺は等しいから，
AD＝BC，AB＝CD
△ABE，△BCF は正三角形だから，
BC＝CF，AE＝AB
よって，AD＝CF……①，AE＝CD……②
平行四辺形の対角は等しいから，
∠BAD＝∠DCB
これと，∠EAB＝∠FCB＝60°より，
∠EAD＝∠BAD－∠EAB＝∠BAD－60°
∠DCF＝∠DCB－∠FCB＝∠BAD－60°
よって，∠EAD＝∠DCF……③
①，②，③より，2 組の辺とその間の角がそ
れぞれ等しいから，△ADE≡△CFD
合同な三角形の対応する辺は等しいから，
DE＝FD

3 辺 BC 上に，DE∥AB となる点 E をとる。
AD∥BE，DE∥AB より，2 組の対辺がそれ
ぞれ平行だから，四角形 ABED は平行四辺
形である。よって，対辺が等しいから，
AB＝DE
これと，AB＝DC とから，DE＝DC となり，
△DEC は二等辺三角形とわかる。

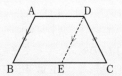

二等辺三角形の底角は等しいから，
∠DCB＝∠DEC……①
平行線の同位角は等しいから，
∠ABC＝∠DEC……②
①，②より，∠ABC＝∠DCB

4 (1) 仮定より，AN＝CN，MN＝DN
対角線がそれぞれの中点で交わるから，
四角形 AMCD は平行四辺形である。
(2) (1)より，AM∥DC，AM＝DC
つまり，MB∥DC，MB＝DC
1 組の対辺が平行でその長さが等しいから，
四角形 MBCD は平行四辺形である。
(3) (2)より，MD∥BC　すなわち，MN∥BC
また，MD＝BC，MN＝DN だから，
MN＝$\frac{1}{2}$BC である。

> **⚠ ここに注意**　この問題で証明したよ
> うに，△ABC の 2 辺の中点を結ぶ線分は，
> 残りの辺に平行で，長さはその半分である。
> これを中点連結定理といい，中学 3 年で学
> 習する。

5 四角形 BSQD において，
仮定より，AB∥DC，BD∥SR
つまり，BS∥DQ，BD∥SQ
2 組の対辺がそれぞれ平行なので，四角形
BSQD は平行四辺形である。
よって，BD＝SQ……①
同様にして，2 組の対辺がそれぞれ平行なの
で，四角形 BPRD は平行四辺形である。
よって，BD＝PR……②
①，②より，PS＝SQ－PQ＝BD－PQ
QR＝PR－PQ＝BD－PQ なので，
PS＝QR

6 D と O，D と E を結ぶ。
BD は平行四辺形 ABCD の対角線であるの
で，BO＝OD……①
四角形 AODE において，
平行四辺形 ABOE の対辺は平行でその長さ

は等しいので，AE∥BO，AE＝BO
①より，AE∥OD，AE＝OD
よって，1組の対辺が平行でその長さが等し
いので，四角形AODEは平行四辺形である。
平行四辺形AODEの対角線OE，ADはそれ
ぞれの中点で交わるので，OEはADによっ
て2等分される。

16 特別な平行四辺形

Step A 解答   本冊▶p.88〜p.89

1 (1) ひし形 (2) 長方形 (3) 正方形 (4) 長方形

2 △ABEと△ADFにおいて，
仮定より，∠AEB＝∠AFD＝90°……①
ひし形の4つの辺の長さは等しいから，
AB＝AD……②
ひし形の対角は等しいから，
∠ABE＝∠ADF……③
①，②，③より，直角三角形の斜辺と1つの鋭
角がそれぞれ等しいから，△ABE≡△ADF
合同な三角形の対応する辺は等しいから，
AE＝AF

3 図において，○＝∠a，×＝∠bとすると，
2∠a＋2∠b＝180°だから，∠a＋∠b＝90°
△ABP，△BCS，△CDR，△DAQにおいて，
∠APB＝∠BSC＝∠CRD＝∠DQA
     ＝180°－(∠a＋∠b)＝180°－90°＝90°
よって，4つの内角がすべて90°であるから，
四角形PQRSは長方形である。

4 (1) △OAPと△OCRにおいて，
四角形ABCDは長方形だから，
OA＝OC……①
対頂角は等しいから，
∠AOP＝∠COR……②
AB∥CDより，平行線の錯角が等しいから，
∠OAP＝∠OCR……③
①，②，③より，1組の辺とその両端の角
がそれぞれ等しいから，△OAP≡△OCR
(2) 仮定より，PR⊥QS……①
△OAP≡△OCRより，OP＝OR……②
また，(1)と同様にして，△OBQ≡△ODS
より，OQ＝OS……③

①，②，③より，対角線がそれぞれの中点
で垂直に交わるので，四角形PQRSはひ
し形である。

5 図において，○＝∠a，●＝∠bとすると，
四角形の外角の和＝4∠a＋4∠b＝360°だか
ら，
∠a＋∠b＝90°
これと，対頂角が等しいことより，
△APB，△BQC，△CRD，△DSAにおいて，
∠APB＝∠BQC＝∠CRD＝∠DSA
     ＝180°－(∠a＋∠b)＝180°－90°＝90°
よって，4つの内角がすべて90°であるから，
四角形PQRSは長方形である。

解き方

1 (1) AB＝CD，AB∥DCより，四角形ABCDは平
行四辺形であり，AC⊥BDより，対角線が直
角に交わるから，四角形ABCDはひし形であ
る。
(2) 対角線がそれぞれの中点で交わり，しかも，長
さが等しいから，四角形ABCDは長方形であ
る。
(3) AB＝BC＝CD＝DAより，四角形ABCDは
ひし形であり，AC＝BDより，対角線の長さが
等しいから，四角形ABCDは正方形である。
(4) AB∥DC，AD∥BCより，四角形ABCDは平
行四辺形であり，∠B＝90°より，すべての内角が
90°であるから，四角形ABCDは長方形である。

Step B 解答   本冊▶p.90〜p.91

1 (1) △DBEと△ABCにおいて，
△DBA，△EBCは正三角形だから，
DB＝AB……①，BE＝BC……②
また，
∠DBE＝∠DBA－∠EBA＝60°－∠EBA
∠ABC＝∠EBC－∠EBA＝60°－∠EBA
であるから，∠DBE＝∠ABC……③
①，②，③より，2組の辺とその間の角が
それぞれ等しいから，△DBE≡△ABC
合同な三角形の対応する辺は等しいから，
DE＝AC
△FACは正三角形だから，AC＝AF
よって，DE＝AF……④

同様にして，

△FEC ≡ △ABC より，FE ＝ AB

△DBA は正三角形だから，AB ＝ AD

よって，FE ＝ AD……⑤

④，⑤より，2組の対辺がそれぞれ等しい

から，四角形 AFED は平行四辺形である。

(2)①∠BAC ＝ 150°　②AB ＝ AC

2 A から辺 BC に垂線 AP を，辺 CD に垂線 AQ を下ろす。

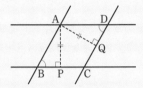

△ABP と △ADQ において，

仮定より，AP ＝ AQ……①

∠APB ＝ ∠AQD ＝ 90°……②

AB／CD，AD／BC より，2組の対辺がそれぞれ平行だから，四角形 ABCD は平行四辺形である。

平行四辺形の対角は等しいので，

∠ABP ＝ ∠ADQ……③

②，③より，∠BAP ＝ ∠DAQ……④

①，②，④より，1組の辺とその両端の角がそれぞれ等しいから，△ABP ≡ △ADQ

合同な三角形の対応する辺は等しいから，

AB ＝ AD

よって，四角形 ABCD はとなり合う辺が等しい平行四辺形だから，ひし形である。

3 A と C を結び，AC と BD の交点を O とする。

△AEO と △CEO において，

仮定より，AE ＝ CE……①

共通した辺だから，EO ＝ EO……②

平行四辺形の対角線はそれぞれの中点で交わるから，AO ＝ CO……③

①，②，③より，3組の辺がそれぞれ等しいから，△AEO ≡ △CEO

合同な三角形の対応する角は等しいから，

∠AOE ＝ ∠COE

ここで，∠AOE ＋ ∠COE ＝ 180°だから，

∠AOE ＝ ∠COE ＝ 90°　よって，AC ⊥ BD

対角線が直角に交わっている平行四辺形だから，四角形 ABCD はひし形である。

4 (1)四角形 ABDF は平行四辺形だから，

AF ＝ BD，AF／BD

四角形 BCED は平行四辺形だから，

BD ＝ CE，BD／CE

よって，AF ＝ CE，AF／CE

したがって，1組の対辺が平行でその長さが等しいから，四角形 ACEF は平行四辺形である。

(2)対角線の長さが等しく，垂直に交わる四角形のとき

5 AM の延長上に，AM ＝ DM となる点 D をとると，対角線がそれぞれの中点で交わるから平行四辺形であり，∠A ＝ 90°であるから，四角形 ABDC は長方形である。

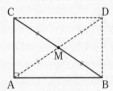

長方形の対角線の長さは等しく，それぞれの中点で交わるから，AM ＝ BM ＝ CM である。

6 △ABF と △GBF において，

仮定より，∠BAF ＝ ∠BGF ＝ 90°……①

∠ABF ＝ ∠GBF……②

共通した辺だから，BF ＝ BF……③

①，②，③より，直角三角形の斜辺と1つの鋭角がそれぞれ等しいから，△ABF ≡ △GBF

合同な三角形の対応する辺は等しいから，

AF ＝ GF……④

また，直角三角形 ABC と直角三角形 ABD の内角について，∠ABC ＝ ∠ABD，

∠BAC ＝ ∠BDA ＝ 90°であるから，

∠BCA ＝ ∠BAD

これより，

∠AEF ＝ ∠ABF ＋ ∠BAD

＝ ∠GBF ＋ ∠BCA ＝ ∠AFE

よって，AE ＝ AF……⑤

④，⑤より，AE ＝ GF

仮定より，AE／GF なので，

1組の対辺が平行でその長さが等しいから，四角形 AEGF は平行四辺形である。

さらに④より，となり合う辺の長さが等しいから，四角形 AEGF はひし形である。

解き方

1 (2) ① ∠DAF＝90°になればよいから，∠BAC
＝360°－(90°＋60°＋60°)＝150°になればよい。
② AD＝AFになればよいから，AB＝ACに
なればよい。

4 (2) AC＝CE，∠ACE＝90°となればよいから，
AC＝BD，AC⊥BDとなればよい。

17 平行線と面積

Step A 解答

本冊▶p.92～p.93

1 △DFC，△AEC，△AED

2

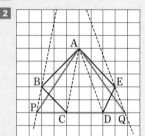

3 点Mを通り線分ACに平行な直線をひき，そ
の直線が辺BCと交わる点をEとすれば，直
線AEは四角形ABCDの面積を2等分する。

4 12cm²

5 (1) $y＝-2x+8$ (2) 6

6 (5，4)

7 (1) $y＝-x+14$ (2) 42

解き方

1 AD∥FCだから，△AFC＝△DFC
AC∥EFだから，△AFC＝△AEC
AE∥CDだから，△AEC＝△AED

2 点Bを通りACに平行な直線と，点Eを通りAD
に平行な直線をひく。それらの直線が，直線CD
と交わる点をP，Qとすればよい。

> ⚠ ここに注意　平行な直線は，方眼の目
> 盛りを使って，直線の傾きが等しくなるよう
> にひく。

3 四角形ABCDを2等分する直線とBCとの交点を
Eとすると，△AEC＝△AMCとなればよいので，
ME∥ACとなるように直線を作図する。

4 BとDを結ぶと，AB∥DFより，
△ADF＝△BDF

△ADF－△EDF＝△BDF－△EDF より，
△AEF＝△BED
△BEDの面積は，
$\frac{1}{2}×ED×AB＝\frac{1}{2}×(9-6)×8＝12(cm^2)$
よって，△AEFの面積は12cm²。

5 (1) A(2，4)，B(5，－2)を通るから，
直線の式は，$y＝-2x+8$

(2) Bを通りOAに平行な直線を考える。
直線OAの傾きは2で，B(5，－2)を通るから，
$y＝2x-12$
この直線がx軸と交わる点をPとすればよいか
ら，点Pのy座標は0，x座標は，$0＝2x-12$ より，
$x＝6$

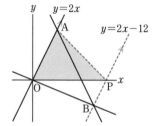

6 図のように，直線BC上に点P(4，2)をとる。
△CPDは平行四辺形ABCDと面積が等しいので，
点Pを通り直線ABに平行な直線が直線$y＝x-1$
と交わる点をEとすればよい。直線ABの傾きは
2だから，求める直線は傾きが2で，P(4，2)を通
るから，$y＝2x-6$
これと，直線$y＝x-1$の交点は，
$2x-6＝x-1$ より，$x＝5$　$y＝5-1＝4$
よって，点Eの座標は，(5，4)

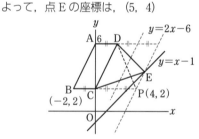

7 (1) 直線ACの傾きは，$\frac{0-6}{8-2}＝-1$ だから，求める
直線は傾き－1で，B(6，8)を通るから，
$y＝-x+14$

(2) (1)で求めた直線とx軸との交点をDとすると，
点Dの座標は，(14，0)
四角形OABC＝△OCA＋△ACB
　＝△OCA＋△ACD＝△ODA＝$\frac{1}{2}×14×6＝42$

1 (1) △ABFと△EBCにおいて，

四角形ABED，四角形BCGFは正方形だから，

AB＝EB……①，BF＝BC……②

また，∠ABE＝∠CBF＝90°だから，

∠ABF＝∠ABC＋∠CBF＝∠ABC＋90°

∠EBC＝∠ABC＋∠ABE＝∠ABC＋90°

よって，∠ABF＝∠EBC……③

①，②，③より，2組の辺とその間の角がそれぞれ等しいから，△ABF≡△EBC

(2) EB∥DCより，正方形ABED＝2△EBC

BF∥AKより，長方形BFKJ＝2△ABF

△ABF≡△EBCより，△ABF＝△EBC

なので，正方形ABEDと長方形BFKJの面積は等しい。

(3) AとG，BとHをそれぞれ結ぶ。

(1)，(2)と同様にして，

△AGC≡△BHCなので，正方形CAIHと長方形JKGCの面積が等しい。

よって，正方形ABED＋正方形CAIH

＝長方形BFKJ＋長方形JKGC

＝正方形BFGC

2 AD∥BPより，△PAD＝△BAD

△OAP＋△ODP＝△PAD－△OAD

△OAB＝△BAD－△OAD

よって，△OAP＋△ODP＝△OAB

3 点Qを通りAPに平行な直線がBCと交わる点をDとすると，△PBQと△ABDにおいて，

仮定より，BP＝BA……①

共通した角だから，∠PBQ＝∠ABD……②

AP∥QDより，

∠BAP＝∠BQD，∠BPA＝∠BDQ

①より，

∠BAP＝∠BPAなので，∠BQD＝∠BDQ

よって，BQ＝BD……③

①，②，③より，2組の辺とその間の角がそれぞれ等しいから，△PBQ≡△ABD

よって，PQ＝AD……④

また，△PBQ＝△ABD＝$\frac{1}{2}$△ABCだから，

点Dは辺BCの中点である。直角三角形の斜辺の中点は，各頂点からの距離が等しいから，

AD＝BD＝CD＝$\frac{1}{2}$BC……⑤

④，⑤より，PQ＝$\frac{1}{2}$BC

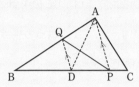

4 $\frac{13}{2}$

5 (1) $\frac{7}{2}$　(2) $\frac{5}{4}$　(3) $\frac{7}{16}$

解き方

3 本冊 p.91 **5** の証明より，直角三角形の斜辺の中点は，各頂点からの距離が等しい性質をもつ。

4 直線ABの傾きは，$\frac{8-2}{8-(-4)}=\frac{1}{2}$

直線CDの傾きは，$\frac{9-7}{2-(-2)}=\frac{1}{2}$

よって，四角形ABCDはAB∥CDの台形である。上底CDの中点をM，下底ABの中点をNとすると，M(0, 8)，N(2, 5)であり，直線$y=mx$が線分MNの中点$\left(1, \frac{13}{2}\right)$を通ればよいので，$m=\frac{13}{2}$

⚠ **ここに注意**　台形の上底と下底を横切って面積を2等分する直線は，上底の中点と下底の中点を結ぶ線分の中点を通る。

面積を2等分する直線

5 (1) BCとOAは平行でないから，OCとABが平行になればよい。OCの傾きは2，ABの傾きは$\frac{2-1}{a-3}=\frac{1}{a-3}$だから，$\frac{1}{a-3}=2$より，

$1=2(a-3)$　$a=\frac{7}{2}$

(2) 点Aを通りOBに平行な直線が，x軸と交わる点をEとすれば，台形OABC＝△OBC＋△OAB＝△OBC＋△OEB＝台形OEBCとなる。

OBの傾きは$2÷\frac{7}{2}=\frac{4}{7}$だから，求めたい直線は傾き$\frac{4}{7}$で，A(3, 1)を通るから，$y=\frac{4}{7}x-\frac{5}{7}$

点 E は x 軸上の点なので，$0=\dfrac{4}{7}x-\dfrac{5}{7}$ より，

$x=\dfrac{5}{4}$

(3) OE の中点は $\left(\dfrac{5}{8},\ 0\right)$，BC の中点は $\left(\dfrac{9}{4},\ 2\right)$ だから，直線 $y=x-b$ がこれらの中点 $\left(\dfrac{23}{16},\ 1\right)$ を通ればよいから，$b=\dfrac{7}{16}$

Step C-① 解答

本冊▶p.96〜p.97

1 (1) $50°$ (2) $\dfrac{49}{2}$cm² (3) $75°$

2 線分 CM を M のほうに延長し，延長線上に，CM＝EM となる点 E をとる。
△ACM と△BEM において，
仮定より，AM＝BM……①，CM＝EM……②
対頂角は等しいから，∠AMC＝∠BME……③
①，②，③より，2 組の辺とその間の角がそれぞれ等しいから，△ACM≡△BEM
合同な三角形の対応する辺，角は等しいから，
AC＝BE，∠ACM＝∠BEM……④
AC＝BE と AC＝BD から，BD＝BE となるので，△BDE は二等辺三角形となり，
∠BDM＝∠BEM……⑤
④，⑤より，∠ACM＝∠BDM

3 辺 BC 上に，DG∥AE となる点 G をとる。
△DGF と△ECF において，
DG∥AE より，平行線の錯角と同位角が等しいから，∠GDF＝∠CEF……①
∠DGF＝∠ECF……②
∠DGB＝∠ACB……③
仮定より，AB＝AC なので
∠ACB＝∠DBG……④
③，④より，∠DGB＝∠DBG
よって，BD＝GD
仮定より，BD＝CE だから，GD＝CE……⑤
①，②，⑤より，1 組の辺とその両端の角がそれぞれ等しいから，△DGF≡△ECF
合同な三角形の対応する辺は等しいから，
DF＝EF

4 点 D から直線 CE に垂線 DP をひく。
△BHC と△CPD において，
仮定より，∠BHC＝∠CPD＝90°……①

四角形 ABCD は正方形だから，
BC＝CD……②
また，∠BCD＝90° より，
∠BCH＝180°－∠BCD－∠DCP
　　　＝90°－∠DCP
△CPD の内角の和は 180° だから，
∠CDP＝180°－∠DPC－∠DCP
　　　＝90°－∠DCP
よって，∠BCH＝∠CDP……③
①，②，③より，直角三角形の斜辺と 1 つの鋭角がそれぞれ等しいから，△BHC≡△CPD
合同な三角形の対応する辺は等しいから，
BH＝CP……④
同様に，△FIE≡△EPD より，FI＝EP……⑤
④，⑤より，BH＋FI＝CP＋EP＝CE

5 (1) $y=x-3$ (2) $\dfrac{17}{3}$

解き方

1 (1) ∠ABC＝∠a，∠ACB＝∠b とおくと，
∠a＋∠b＝180°－65°＝115°
M は直角三角形 EBC，DBC の斜辺の中点だから，BM＝CM＝EM＝DM
よって，
∠MEB＝∠MBE＝∠a
∠MDC＝∠MCD＝∠b
四角形 AEMD において，外角の和は 360° なので，∠DME の外角は，
360°－｛∠a＋∠b＋（180°－65°）｝＝130°
よって，180°－130°＝50°

(2) △ACE と△BCD において，
△ABC と△DCE は直角二等辺三角形だから，
AC＝BC……①，CE＝CD……②
また，
∠ACE＝∠DCE＋∠ACD＝90°＋∠ACD
∠BCD＝∠BCA＋∠ACD＝90°＋∠ACD
より，
∠ACE＝∠BCD……③
①，②，③より，2 組の辺とその間の角がそれぞれ等しいから，△ACE≡△BCD
∠BCA＝90° だから，△ACE を反時計回りに 90° 回転移動させると△BCD と重なることがわかる。以上より，AE＝BD＝7cm で，AE⊥BD であるから，四角形 ABED の面積は，

$\frac{1}{2} \times 7 \times 7 = \frac{49}{2}$ (cm²)

(3) △ABP が正三角形，△PBC が直角二等辺三角形，平行四辺形の対辺が等しいことから，CP＝CD であることがわかるので，

∠ABC＝60°＋45°＝105°

∠DCB＝180°－105°＝75°

∠PCD＝75°－45°＝30°

∠CPD＝(180°－30°)÷2＝75°

5 (1) 長方形 OABC の面積を 2 等分する直線は，対角線 OB の中点である点 (5, 2) を通るから，2 点 P (7, 4)，(5, 2) を通る直線の式を求めて，

$y = x - 3$

(2) 直線 $y = x - 3$ と x 軸との交点を S とすると，点 S の座標は，(3, 0)

折れ線 PQR が長方形の面積を 2 等分するとき，△PQR＝△PSR となるから，PR と QS は平行になる。Q (4, 3)，S (3, 0) より，QS の傾きは 3

よって，PR の傾きも 3 になるので，点 R の x 座標を r とすると，$\frac{4-0}{7-r} = 3$ より，

$4 = 3(7 - r)$　$r = \frac{17}{3}$

Step C-② 〔**解答**〕 本冊▶p.98〜p.99

1 (1) 辺 BC を B のほうに延長させた直線上に BP＝DF となる点 P をとる。

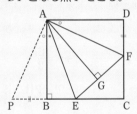

△APB と△AFD において，

仮定より，PB＝FD……①

四角形 ABCD は正方形だから，

AB＝AD……②

∠ABP＝∠ADF＝90°……③

①，②，③より，2 組の辺とその間の角がそれぞれ等しいから，△APB≡△AFD

合同な三角形の対応する辺と角は等しいから，AP＝AF，∠PAB＝∠FAD

これより，△APE と△AFE において，

AP＝AF……④

共通な辺だから，AE＝AE……⑤

また，

∠PAE＝∠PAB＋∠BAE

＝∠FAD＋∠BAE

＝∠BAD－∠EAF＝90°－45°＝45°

であるから，∠PAE＝∠FAE＝45°……⑥

④，⑤，⑥より，2 組の辺とその間の角がそれぞれ等しいから，△APE≡△AFE

これより，△APE と△AFE は面積が等しく，底辺 PE と FE の長さも等しいので，高さも等しいことがわかる。

よって，AB＝AG

(2) 46°　(3) 8cm²

2 (1) A と E を結び，AE と DF の交点を O とする。

仮定より，△CAE は CA＝CE の二等辺三角形であり，CD は頂角 ACE の二等分線であるから，CD は線分 AE を垂直に二等分する。よって，

AO＝EO……①，AE⊥FD……②

また，△AFO と△EDO において，

AF／DE より，平行線の錯角が等しいから

∠FAO＝∠DEO……③

対頂角は等しいから，

∠AOF＝∠EOD……④

①，③，④より，1 組の辺とその両端の角がそれぞれ等しいから，△AFO≡△EDO

合同な三角形の対応する辺は等しいから，

FO＝DO……⑤

①，②，⑤より，四角形 ADEF は対角線がそれぞれの中点で直角に交わることがわかるので，ひし形である。

(2) $90° - \frac{3}{2}a°$

3 AN の延長と BC の延長との交点を E とする。また，MN を N のほうに延長し，MN＝LN となるように点 L をとる。

△AND と△ENC において，

仮定より，DN＝CN……①

対頂角は等しいから，∠AND＝∠ENC……②

AD／BE より，平行線の錯角が等しいから，

∠ADN＝∠ECN……③

①，②，③より，1 組の辺とその両端の角がそれぞれ等しいから，△AND≡△ENC

合同な三角形の対応する辺は等しいから，
AN＝EN，AD＝EC
AN＝EN，MN＝LN とから，四角形 AMEL
は対角線がそれぞれの中点で交わるので，平
行四辺形であるといえる。

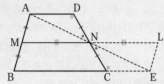

このことから，EL＝AM，EL∥AM
AM＝BM だから，EL＝BM，EL∥BM
よって，四角形 MBEL は1組の対辺が平行
でその長さが等しいから平行四辺形である。
したがって，ML∥BE から，MN∥BC

$$MN＝\frac{1}{2}ML＝\frac{1}{2}BE＝\frac{1}{2}(EC＋BC)$$
$$＝\frac{1}{2}(AD＋BC)$$

4 BM の延長と AD の延長との交点を F とす
る。

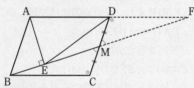

△BCM と△FDM において，
仮定より，CM＝DM……①
対頂角は等しいから，∠BMC＝∠FMD……②
AF∥BC より，平行線の錯角が等しいから，
∠BCM＝∠FDM……③
①，②，③より，1組の辺とその両端の角が
それぞれ等しいから，△BCM≡△FDM
合同な三角形の対応する辺は等しいから，
BC＝FD
また，平行四辺形の対辺は等しいから
AD＝BC
よって，AD＝FD となることがわかり，D
は直角三角形 AEF の斜辺の中点である。
したがって，AD＝FD＝ED であるから，
△AED は ED＝AD の二等辺三角形である。

5 (1) $y＝\frac{3}{2}x＋6$　(2) $\left(\frac{12}{5},\ \frac{27}{5}\right)$

解き方

1 (2) ∠BAE＝22°のとき，
∠AEB＝180°－90°－22°＝68°
AB＝AG より，2つの直角三角形△ABE と
△AGE は斜辺と他の1辺がそれぞれ等しいから
合同とわかるので，∠AEG＝∠AEB＝68°
よって，∠FEC＝180°－68°×2＝44°だから，
∠EFC＝180°－90°－44°＝46°

(3) AG＝AB＝8cm，EF＝7cm だから，
$$△AEF＝\frac{1}{2}×7×8＝28\,(\text{cm}^2)$$
△ABE＋△AFD＝△APE＝△AFE＝28 (cm²)
よって，△CEF＝正方形 ABCD－28×2
　　　　　　＝8×8－56＝8 (cm²)

2 (2) AB＝BC より，
$$∠BCA＝(180°－a°)÷2＝90°－\frac{1}{2}a°$$
$$∠DCB＝\frac{1}{2}∠BCA＝45°－\frac{1}{4}a°$$
$$∠ADF＝∠ABC＋∠DCB＝a°＋\left(45°－\frac{1}{4}a°\right)$$
$$＝45°＋\frac{3}{4}a°$$
AD＝AF だから，
$$∠DAF＝180°－\left(45°＋\frac{3}{4}a°\right)×2＝90°－\frac{3}{2}a°$$

5 (1) PA＝PB となるのは，点 P の x 座標が線分 AB
の中点の x 座標に等しいときである。よって，
点 P の x 座標は，｛6＋(－4)｝÷2＝1
直線 BC の式は $y＝－\frac{3}{2}x＋9$ だから，点 P の y
座標は，$y＝－\frac{3}{2}×1＋9＝\frac{15}{2}$
したがって，A(－4, 0)，P$\left(1,\ \frac{15}{2}\right)$ を通る直線
の式を求めて，$y＝\frac{3}{2}x＋6$

(2) △PCQ＝△OAQ のとき，
△PCQ＋△AQC＝△OAQ＋△AQC より，
△APC＝△AOC となればよいことになり，こ
れより，OP∥AC となることがわかる。
AC の傾きは $\frac{9}{4}$ だから，直線 OP の式は $y＝\frac{9}{4}x$
これと，直線 $y＝－\frac{3}{2}x＋9$ との交点の座標を求
めて，P$\left(\frac{12}{5},\ \frac{27}{5}\right)$

18 四分位範囲と箱ひげ図

Step A　解答　本冊▶p.100～p.101

1 (1) 最大値…98 点，最小値…60 点，
中央値…75 点

(2) 第 1 四分位数…70 点，
第 3 四分位数…83 点

(3) 77 点

(4)
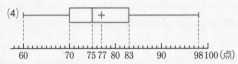

2 (1) 35 個　(2) 21　(3) 28

3 (1) 数学　(2) 英語　(3) イ

解き方

1 (1) データを小さい順に並べかえると，
60　65　70　74　74　76　81　83　89　98（点）
よって，最大値は 98 点，最小値は 60 点，中央
値は 74 と 76 の平均値をとって，75 点になる。

(2) 第 1 四分位数は，前半 5 つのデータの中央値だ
から 70 点，第 3 四分位数は，後半 5 つのデータ
の中央値だから 83 点である。

(3) $(60+65+70+74+74+76+81+83+89+98)$
$\div 10 = 770 \div 10 = 77$（点）

(4) 箱ひげ図には，最小値，第 1 四分位数，中央値，
第 3 四分位数，最大値を必ず記入する。平均値
は ＋ で表すが，必ずしも記入する必要はない。
また，図を縦長にかくこともある。

2 (1) 第 3 四分位数は 32 と 38 の平均値で 35 個であ
る。

(2) （四分位範囲）＝（第 3 四分位数）−（第 1 四分位
数）であるから，35 −（第 1 四分位数）＝ 17 より，
第 1 四分位数は 18 個とわかる。第 1 四分位数は
15 と a の平均値だから，$\dfrac{15+a}{2} = 18$ より，
$a = 21$

(3) 中央値は 27 個だから平均値も 27 個である。よ
って，
$(13+15+21+25+27+b+32+38+44) \div 9 = 27$
が成り立つ。
これより，$215 + b = 243$　$b = 28$

3 (1) 四分位範囲は箱ひげ図の「箱」の幅だから，数学
のほうが大きい。

(2) 箱ひげ図の中央値から，数学では 50 点以上の生
徒が全体の 50％以下，英語では 50％より多いこ
とがわかるので，英語のほうが多い。

(3) (2) より，50 点以上の生徒が多いほうが英語，少
ないほうが数学だから，**ア**が英語，**イ**が数学と
わかる。

19 確率

Step A　解答　本冊▶p.102～p.103

1 (1) $\dfrac{1}{4}$　(2) $\dfrac{21}{25}$　(3) $\dfrac{1}{12}$

2 (1) $\dfrac{1}{6}$　(2) $\dfrac{13}{36}$

3 (1) $\dfrac{1}{30}$　(2) $\dfrac{1}{3}$　(3) $\dfrac{7}{15}$

4 (1) $\dfrac{1}{18}$　(2) $\dfrac{19}{36}$

解き方

1 (1) 4 枚の硬貨の表と裏の出方は，
$2 \times 2 \times 2 \times 2 = 16$（通り）
表の出た硬貨の合計金額が 600 円以上になるの
は，500 円硬貨と 100 円硬貨が必ず表で，
（50 円，10 円）＝（表，表），（表，裏），（裏，表），
（裏，裏）の 4 通りだから，求める確率は，$\dfrac{4}{16} = \dfrac{1}{4}$

(2) 赤玉を A，B，C とし，白玉を D，E とする。玉
の取り出し方は全部で，$5 \times 5 = 25$（通り）
そのうち，2 個とも白玉である取り出し方は，
（1 回目，2 回目）＝（D，D），（E，E），（D，E），
（E，D）の 4 通りだけだから，少なくとも 1 回は
赤玉が出る場合は，$25 - 4 = 21$（通り）
よって，求める確率は，$\dfrac{21}{25}$

別解 2 個とも白玉である確率は $\dfrac{4}{25}$ だから，
少なくとも 1 回は赤玉が出る確率は，
$1 - \dfrac{4}{25} = \dfrac{21}{25}$

(3) 2 つのさいころの目の出方は全部で，
$6 \times 6 = 36$（通り）
A $(0, 4)$，B $(1, a)$，C $(2, b)$ が一直線上にあるとき，
AB の傾きと BC の傾きが等しいから，
$\dfrac{a-4}{1-0} = \dfrac{b-a}{2-1}$
これより，$a - 4 = b - a$　$2a - b = 4$

これを満たす (a, b) の組は，

$(a, b) = (3, 2)$，$(4, 4)$，$(5, 6)$ の3通りだから，

求める確率は，$\dfrac{3}{36} = \dfrac{1}{12}$

2 (1) $a = b$ となるのは，$(a, b) = (1, 1)$，$(2, 2)$，

$(3, 3)$，$(4, 4)$，$(5, 5)$，$(6, 6)$ の6通りだから，

求める確率は，$\dfrac{6}{36} = \dfrac{1}{6}$

(2) $3 \leqq 2a + b \leqq 18$ である。

$2a + b = 3$ となるのは $(a, b) = (1, 1)$ の1通り。

$2a + b = 5$ となるのは $(a, b) = (1, 3)$，$(2, 1)$ の

2通り。

$2a + b = 7$ となるのは $(a, b) = (1, 5)$，$(2, 3)$，

$(3, 1)$ の3通り。

$2a + b = 11$ となるのは $(a, b) = (3, 5)$，$(4, 3)$，

$(5, 1)$ の3通り。

$2a + b = 13$ となるのは $(a, b) = (4, 5)$，$(5, 3)$，

$(6, 1)$ の3通り。

$2a + b = 17$ となるのは $(a, b) = (6, 5)$ の1通り。

全部で $1+2+3+3+3+1 = 13$（通り）あるから，

求める確率は，$\dfrac{13}{36}$

3 (1) カードの取り出し方は全部で，$5 \times 6 = 30$（通り）

$a = 2$，$b = 3$ となるのは1通りだけだから，求め

る確率は，$\dfrac{1}{30}$

(2) $a > b$ となるのは，$(a, b) = (2, 1)$，$(3, 1)$，

$(3, 2)$，$(4, 1)$，$(4, 2)$，$(4, 3)$，$(5, 1)$，$(5, 2)$，

$(5, 3)$，$(5, 4)$ の10通りだから，求める確率は，

$\dfrac{10}{30} = \dfrac{1}{3}$

(3) a と b の積が3の倍数になるのは，$a = 1$，2，4，

5のとき，$b = 3$，6の2通りずつ。$a = 3$ のとき，

b は $1 \sim 6$ の6通り。

全部で $4 \times 2 + 6 = 14$（通り）あるから，求める確率

は，$\dfrac{14}{30} = \dfrac{7}{15}$

4 (1) さいころの目の出方は全部で，$6 \times 6 = 36$（通り）

白石，赤石がともに頂点 C にあるのは，1回目

に3，2回目に1または6が出た場合だから，2

通り。よって，求める確率は，$\dfrac{2}{36} = \dfrac{1}{18}$

(2) 1回目の目を a，2回目の目を b とすると，三角

形がつくれるのは，

$a = 1$ のとき，$b = 1$，3，4，6の4通り。

$a = 2$ のとき，$b = 1$，2，3，6の4通り。

$a = 3$ のとき，$b = 2$，3，4の3通り。

$a = 4$ のとき，$b = 1$，2，4，6の4通り。

$a = 5$ のとき，三角形はできない。

$a = 6$ のとき，$b = 1$，3，4，6の4通り。

全部で $4 \times 4 + 3 = 19$（通り）あるから，求める確率

は，$\dfrac{19}{36}$

1 (1) $\dfrac{7}{18}$　(2) $\dfrac{7}{18}$

2 (1) $\dfrac{3}{10}$　(2) $\dfrac{1}{2}$　(3) $\dfrac{3}{5}$

3 (1) 6通り　(2) $\dfrac{2}{3}$

(3) C$(6, 4)$ とすると，△ABC の面積が4にな

るので，C を通り，AB に平行な直線上に（点

C もふくめて）P があれば，△PAB の面積

は4になる。そのような点は，$(4, 6)$，

$(5, 5)$，$(6, 4)$ の3つ考えられるから，確

率は，$\dfrac{3}{36} = \dfrac{1}{12}$

4 (1) $\dfrac{8}{27}$　(2) $\dfrac{7}{27}$

解き方

1 (1) 9枚のカードから2枚のカードを取り出すとき，

取り出し方は全部で，$\dfrac{9 \times 8}{2 \times 1} = 36$（通り）

2枚のカードに6がふくまれているとき，もう1

枚のカードは残り8枚のうちどれでもよいから8

通り。2枚のカードに6がふくまれていないとき，

2の倍数のカード（2, 4, 8）から1枚，3の倍数

のカード（3, 9）から1枚取り出さないといけな

いので，$3 \times 2 = 6$（通り）

全部で $8 + 6 = 14$（通り）の取り出し方があるから，

求める確率は，$\dfrac{14}{36} = \dfrac{7}{18}$

🛡 **ここに注意**　①異なる n 個のものから

r 個をとって1列に並べる場合の数は，

$\underbrace{n(n-1)(n-2)\cdots\cdots(n-r+1)}_{r \text{個}}$ 通り

②異なる n 個のものから順序を考えずに r 個

をとって組み合わせる場合の数は，

$\underbrace{\dfrac{n(n-1)(n-2)\cdots\cdots(n-r+1)}{r(r-1)(r-2)\cdots\cdots\times 3 \times 2 \times 1}}_{r \text{個}}$ 通り

(2) 図のように，条件を満たす点 P は 14 個ある。

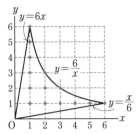

よって，求める確率は，$\dfrac{14}{36}=\dfrac{7}{18}$

2 (1) 玉の取り出し方は全部で，$5\times4\times3=60$（通り）
$A=a\times b\times c$ が 20 の倍数になるのは，a，b，c の中に必ず 4 と 5 がふくまれているときだから，$(a,\ b,\ c)$ は，$(1,\ 4,\ 5)$，$(2,\ 4,\ 5)$，$(3,\ 4,\ 5)$ の順列がそれぞれ $3\times2\times1=6$（通り）ずつある。
全部で $6\times3=18$（通り）あるから，求める確率は，$\dfrac{18}{60}=\dfrac{3}{10}$

(2) $A=a\times b\times c$ が 6 の倍数になるのは，a，b，c の中に必ず 2 と 3 がふくまれているか，または 3 と 4 がふくまれているときだから，$(a,\ b,\ c)$ は，$(1,\ 2,\ 3)$，$(2,\ 3,\ 4)$，$(2,\ 3,\ 5)$，$(1,\ 3,\ 4)$，$(3,\ 4,\ 5)$ の順列がそれぞれ $3\times2\times1=6$（通り）ずつある。
全部で $6\times5=30$（通り）あるから，求める確率は，$\dfrac{30}{60}=\dfrac{1}{2}$

(3) $A=a\times b\times c$ が 5 の倍数にならないのは，1，2，3，4 の 4 つの玉から 3 つの玉を取り出したときで，$4\times3\times2=24$（通り）
よって，5 の倍数になるのは $60-24=36$（通り）あるから，求める確率は，$\dfrac{36}{60}=\dfrac{3}{5}$

3 (1) $x=y$ のときだから，$x=y=1\sim6$ の 6 通り。
(2) P$(x,\ y)$ が図で○をつけた 12 通りのとき，直線 OP は線分 AB と共有点をもつ。よって，共有点をもたないのは $36-12=24$（通り）あるから，求める確率は，$\dfrac{24}{36}=\dfrac{2}{3}$

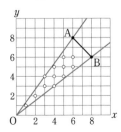

4 (1) 4 人がそれぞれ，3 種類の果物の中から 1 つずつ選ぶから，4 人の選び方は全部で，

$3\times3\times3\times3=81$（通り）
そのうち，A だけが食べられるとき，A の果物の選び方は 3 通りで，残りの 3 人は共通して A が選んだ果物以外の果物を選ぶので 2 通り。
よって，$3\times2=6$（通り）
B だけが食べられるとき，C だけが食べられるとき，D だけが食べられるときも同様に 6 通りずつあるから，1 人だけ果物を食べることができる選び方は，$6\times4=24$（通り）
したがって，求める確率は，$\dfrac{24}{81}=\dfrac{8}{27}$

(2) 誰も果物を食べることができない選び方は，
(i) 4 人とも同じ果物を選んだ場合
果物の選び方は 3 通り。
(ii) 4 人のうち，2 人ずつがそれぞれ同じ果物を選んだ場合
同じものを取った人の組み合わせは AB と CD，AC と BD，AD と BC の 3 通り。それぞれの組の 3 種類の果物の選び方は，$3\times2=6$（通り）
よって，$3\times6=18$（通り）
(i)，(ii) より，$3+18=21$（通り）あるので，求める確率は，$\dfrac{21}{81}=\dfrac{7}{27}$

Step **C**-① 解答　　　　**本冊▶p.106～p.107**

1 (1) $\dfrac{1}{6}$　(2) $\dfrac{7}{216}$　(3) $\dfrac{1}{18}$

2 (1) $\dfrac{2}{9}$　(2) $\dfrac{26}{99}$

3 (1) ① $\dfrac{1}{9}$　② $\dfrac{13}{18}$　(2) ① $\dfrac{13}{28}$　② $\dfrac{1}{14}$

4 (1) $\dfrac{9}{25}$　(2) $\dfrac{3}{25}$　(3) $\dfrac{17}{25}$

解き方

1 (1) 1 回目の整数が -3，-2，-1，1，2，3 のいずれの場合も，2 回目の整数がそれぞれ 3，2，1，-1，-2，-3 であれば点 P は 0 の位置に戻るから 6 通りある。よって，確率は，$\dfrac{6}{36}=\dfrac{1}{6}$

(2) 2 回の移動で正の方向に最大 6 しか進まないから，1 回でも負の整数が出たら 6 の位置にはたどり着けない。よって，3 回とも正の整数で，和が 6 になる場合を考えると，
（1 回目，2 回目，3 回目）$=(2,\ 2,\ 2)$，または
$(1,\ 2,\ 3)$ を並べかえた 6 通りの，合計 7 通りで

ある。よって，確率は，$\dfrac{7}{6^3}=\dfrac{7}{216}$

(3) (1回目，2回目，3回目)＝(−3，−3，2)を並べかえた3通り，または(−3，−2，1)を並べかえた6通り，または(−2，−1，−1)を並べかえた3通りの，合計12通りである。よって，確率は，$\dfrac{12}{6^3}=\dfrac{1}{18}$

2 (1) 99枚のうち，赤と青のシールが貼ってあるのは6の倍数の番号札，赤と緑のシールが貼ってあるのは10の倍数の番号札，青と緑のシールが貼ってあるのは15の倍数の番号札，3枚のシールが貼ってあるのは30の倍数の番号札である。

6の倍数の番号札は，

99÷6＝16余り3より16枚。

10の倍数の番号札は，

99÷10＝9余り9より9枚。

15の倍数の番号札は，

99÷15＝6余り9より6枚。

30の倍数の番号札は，

99÷30＝3余り3より3枚。

よって，シールが2枚貼られている番号札は，

(16−3)＋(9−3)＋(6−3)＝13＋6＋3＝22(枚)

したがって，確率は，$\dfrac{22}{99}=\dfrac{2}{9}$

(2) 自然数を2，3，5でわったときの余りは，2，3，5の最小公倍数である30を周期として同じようにくり返される。1〜30のうち，2，3，5のどれでわってもわり切れない数は，1，7，11，13，17，19，23，29の8個だから，31〜60の中にも8個，61〜90の中にも8個あり，91〜99の中には91，97の2個あるから，シールの貼られていないカードは，8×3＋2＝26(枚)

よって，確率は，$\dfrac{26}{99}$

3 (1) 同時に2枚のカードを取り出すとき，取り出し方は全部で，$\dfrac{9\times8}{2\times1}=36$(通り)

①書かれた自然数の積が素数になるのは，2枚のうち一方が1で，もう一方が素数(2，3，5，7)のときだから，1×4＝4(通り)

よって，確率は，$\dfrac{4}{36}=\dfrac{1}{9}$

②書かれた自然数の積が2の倍数にならないのは，1，3，5，7，9の5枚の中から2枚を取り出すときで，$\dfrac{5\times4}{2\times1}=10$(通り)

よって，2の倍数になるのは36−10＝26(通り)だから，確率は，$\dfrac{26}{36}=\dfrac{13}{18}$

(2) 同時に3枚のカードを取り出すとき，取り出し方は全部で$\dfrac{9\times8\times7}{3\times2\times1}=84$(通り)ある。

①書かれた自然数の積が8の倍数になるのは，

(i) 3枚の中に8のカードがふくまれている場合

残りの2枚を，残り8枚のカードから選ぶので，

取り出し方は，$\dfrac{8\times7}{2\times1}=28$(通り)

(ii) 3枚の中に8がふくまれていない場合

取り出し方は，(2，4，6)，(2，4，奇数)，(4，6，奇数)のいずれかであればよいから，

1＋5＋5＝11(通り)

よって，28＋11＝39(通り)だから，確率は，

$\dfrac{39}{84}=\dfrac{13}{28}$

②書かれた自然数の積がある自然数の2乗になるのは，(1，2，8)，(1，4，9)，(2，3，6)，(2，4，8)，(2，8，9)，(3，6，8)の6通りだから，確率は，

$\dfrac{6}{84}=\dfrac{1}{14}$

4 (1) 箱Aから1，3，5のいずれかを，箱Bから6，8，10のいずれかを取り出して交換するときだから，3×3＝9(通り)

よって，確率は，$\dfrac{9}{5\times5}=\dfrac{9}{25}$

(2) (A, B)＝(3, 6)，(4, 7)，(5, 8)の3通りだから，確率は$\dfrac{3}{25}$

(3) 箱Aから1，2，3，4のいずれかを，箱Bから6，7，8，9のいずれかを取り出して交換するとき，または，箱Aから5を，箱Bから10を取り出して交換するときのどちらかだから，

4×4＋1＝17(通り)

よって，確率は，$\dfrac{17}{25}$

Step C-② 解答　　本冊▶p.108〜p.109

1 (1) $\dfrac{2}{5}$ (2) $\dfrac{13}{153}$ (3) $\dfrac{5}{12}$

2 (1) $\dfrac{4}{9}$ (2) $\dfrac{31}{108}$

3 (1) $\dfrac{11}{36}$ (2) $\dfrac{5}{108}$

4 (1) $\dfrac{5}{9}$ (2) $\dfrac{7}{8}$ (3) $\dfrac{8}{27}$

解き方

1 (1) A と同じ組になる 2 人の組み合わせは，(B，C)，(B，D)，(B，E)，(B，F)，(C，D)，(C，E)，(C，F)，(D，E)，(D，F)，(E，F) の 10 通りで，B をふくむ組は 4 通りあるから，確率は，

$$\frac{4}{10} = \frac{2}{5}$$

(2) 図より，A 君が座る席は 18 通り，B 君の座る席は 17 通りある。隣り合う 2 つの席は 13 組あって，どちらに A 君，どちらに B 君が座ってもよいから，確率，$\frac{13 \times 2}{18 \times 17} = \frac{13}{153}$

(3) 6 の目が出たときの得点は 3 の倍数，1，3，4，5 の目が出たときの得点は 3 でわって 1 余る数，2 の目が出たときの得点は 3 でわって 2 余る数である。よって，X が 3 の倍数になるのは，

(i) 3 回とも 6 の目が出る場合で，1 通り。

(ii) 3 回とも 1，3，4，5 の目が出る場合で，$4 \times 4 \times 4 = 64$（通り）

(iii) 3 回とも 2 の目が出る場合で，1 通り。

(iv) 3 回のうち 1 回が 6，1 回が 2 で残りの 1 回が 1，3，4，5 の目が出る場合で，$(1 \times 1 \times 4) \times 6 = 24$（通り）

よって，全部で $1 + 64 + 1 + 24 = 90$（通り）だから，確率は，$\frac{90}{6^3} = \frac{5}{12}$

2 (1)(i) A から取り出した玉に書かれた数が 2，3，4 のとき，B から取り出す玉に書かれた数は 1，1 の 2 通りなので，$3 \times 2 = 6$（通り）

(ii) A から取り出した玉に書かれた数が 5 のとき，B から取り出す玉に書かれた数は 1，1，4，4 の 4 通り。

(iii) A から取り出した玉に書かれた数が 6 のとき，B から取り出す玉に書かれた数は 1，1，4，4，5，5 の 6 通り。

よって，全部で $6 + 4 + 6 = 16$（通り）だから，確率は，$\frac{16}{36} = \frac{4}{9}$

(2)(i) A から取り出した玉に書かれた数が 3 のとき，B から取り出す玉に書かれた数は 1，1 の 2 通り，C から取り出す玉に書かれた数は 2 の 1 通りだから，$2 \times 1 = 2$（通り）

(ii) A から取り出した玉に書かれた数が 4 のとき，B から取り出す玉に書かれた数は 1，1 の 2 通り，C から取り出す玉に書かれた数は，2，3，3，3，3 の 5 通りだから，$2 \times 5 = 10$（通り）

(iii) A から取り出した玉に書かれた数が 5 のとき，B から取り出す玉に書かれた数は 1，1，4，4 の 4 通り，C から取り出す玉に書かれた数は 2，3，3，3，3 の 5 通りだから，$4 \times 5 = 20$（通り）

(iv) A から取り出した玉に書かれた数が 6 のとき，B から取り出す玉に書かれた数は 1，1，4，4，5，5 の 6 通り，C から取り出す玉に書かれた数は 2，3，3，3，3 の 5 通りだから，

$6 \times 5 = 30$（通り）

よって，全部で $2 + 10 + 20 + 30 = 62$（通り）だから，確率は，$\frac{62}{6^3} = \frac{31}{108}$

3 (1) 直線 PQ が，

(i) 頂点 A，B を通るとき，$b = 2$ だから，

$(a，b) = (1，2)，(2，2)，(3，2)，(4，2)，(5，2)，(6，2)$ の 6 通り。

(ii) 頂点 C を通るとき，傾き $\frac{1}{2}$ だから，

$(a，b) = (2，3)，(4，4)，(6，5)$ の 3 通り。

(iii) 頂点 D を通るとき，傾き 2 だから，

$(a，b) = (1，4)，(2，6)$ の 2 通り。

よって，全部で $6 + 3 + 2 = 11$（通り）あるから，確率は，$\frac{11}{36}$

(2) 直線 RS が長方形 ABCD の対角線の交点である点 $\left(\frac{5}{2}，3\right)$ を通ればよい。e によって場合分けすると，次の図のように点 R$(c，d)$ は○をつけた 10 通り考えられるから，確率は，$\frac{10}{6^3} = \frac{5}{108}$

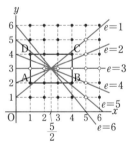

4 (1) 百の位が 6 通り，十の位は百の位以外の 5 通り，一の位は百，十の位以外の 4 通りあるから，各位の数字が異なる N は $6 \times 5 \times 4 = 120$（通り）

よって，確率は，$\frac{120}{6^3} = \frac{5}{9}$

(2) 各位の数字の積が奇数になるのは，各位の数がすべて 1，3，5 のいずれかである場合だから，$3 \times 3 \times 3 = 27$（通り）

よって，積が偶数なる場合は $6^3 - 27 = 189$（通り）

あるから，確率は，$\dfrac{189}{6^3}=\dfrac{7}{8}$

(3) 3つの数の組は，(1, 1, 1)，(1, 1, 2)，(1, 1, 3)，
(1, 1, 4)，(1, 1, 5)，(1, 1, 6)，(1, 2, 3)，
(1, 2, 5)，(1, 3, 4)，(1, 3, 5)，(1, 4, 5)，
(1, 5, 6)，(2, 3, 5)，(3, 4, 5)であり，
順序を考えると，

(1, 1, 1)は1通り，

(1, 1, 2)，(1, 1, 3)，(1, 1, 4)，(1, 1, 5)，
(1, 1, 6)は3通りずつ，

(1, 2, 3)，(1, 2, 5)，(1, 3, 4)，(1, 3, 5)，
(1, 4, 5)，(1, 5, 6)，(2, 3, 5)，(3, 4, 5)
は6通りずつあるから，

全部で，1+5×3+8×6＝64（通り）

よって，確率は，$\dfrac{64}{6^3}=\dfrac{8}{27}$

総合実力テスト

解答　　　　　　　　　　　本冊▶p.110～p.112

1 (1) $\dfrac{3}{2}b$　(2) $\dfrac{10x+y+16}{6}$

2 (1) $a=1,\ b=2$　(2) $y=\dfrac{2x-3S}{4}$

(3) -5　(4) $90°$

3 90km

4 (1) $\left(5,\ \dfrac{11}{2}\right)$　(2) 9　(3) $(6,\ 3),\ (-6,\ -3)$

5 (1) 279

(2) ① $a=10x+y,\ b=10y+x$

② $5a+4b=5(10x+y)+4(10y+x)$
$=54x+45y=9(6x+5y)$

ここで，$6x+5y$ は自然数であるから，

$9(6x+5y)$ は9の倍数である。

よって，$5a+4b$ は9の倍数である。

6 (1) △ABEと△FCEにおいて，

仮定より，BE＝CE……①

対頂角は等しいから，

∠AEB＝∠FEC……②

AB∥DF より，平行線の錯角(さっかく)が等しいから，

∠ABE＝∠FCE……③

①，②，③より，1組の辺とその両端(りょうたん)の角
がそれぞれ等しいから，

△ABE≡△FCE

(2) △ABE≡△FCE より，AB＝FC

平行四辺形の対辺は等しいから，AB＝DC

よって，FC＝DC……①

仮定より，CG＝CE……②

①，②より，四角形DEFGは対角線がそ
れぞれの中点で交わるから，平行四辺形で
ある。

7 (1) 4　(2) $\dfrac{4}{9}$

解き方

1 (1) $-\dfrac{1}{2}a^3b^2 \div \dfrac{1}{3}a(-b)^3 \times \left(-\dfrac{b}{a}\right)^2$

$= -\dfrac{a^3b^2}{2} \times \left(-\dfrac{3}{ab^3}\right) \times \dfrac{b^2}{a^2}$

$= \dfrac{3}{2}b$

(2) $-\dfrac{3x-2y-5}{6}+\dfrac{x-3y+9}{2}-\dfrac{-5x-4y+8}{3}$

$= \dfrac{-(3x-2y-5)+3(x-3y+9)-2(-5x-4y+8)}{6}$

$$= \frac{-3x+2y+5+3x-9y+27+10x+8y-16}{6}$$

$$= \frac{10x+y+16}{6}$$

2 (1) 同じ解を $x=m$, $y=n$ とすると,

$m-2n=-7$……①, $am+bn=13$……②

$2m+n=11$……③, $bm-an=1$……④

すべての式が成り立つので, ①, ③を連立方程

式として解くと, $m=3$, $n=5$

これを②, ④に代入して,

$3a+5b=13$, $-5a+3b=1$

これらを連立方程式として解くと,

$a=1$, $b=2$

(2) $\frac{S}{2}=\frac{x-2y}{3}$ の両辺を6倍して,

$3S=2(x-2y)$ $3S=2x-4y$ $4y=2x-3S$

よって, $y=\frac{2x-3S}{4}$

(3) $2(3x-5y)-3(x-2y)=6x-10y-3x+6y$

$=3x-4y$

これに, $x=-\frac{2}{3}$, $y=\frac{3}{4}$ を代入して,

$3\times\left(-\frac{2}{3}\right)-4\times\frac{3}{4}=-5$

(4) $\angle x=45°$ で, 図のように3つの正方形を補うと,

△ABC は直角二等辺三角形になるので,

$\angle ACB=45°$

よって, $\angle y+\angle z=45°$ とわかるので,

$\angle x+\angle y+\angle z=90°$

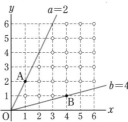

3 行きの上り坂を x km, 行きの下り坂を y km とする

と, 平地は $(150-x-y)$ km だから,

行きにかかった時間について,

$\frac{150-x-y}{60}+\frac{x}{40}+\frac{y}{50}=3\frac{3}{60}$ より, 両辺に600をかけて,

$5x+2y=330$……①

帰りの上り坂は y km, 帰りの下り坂は x km である。

また, 帰りの速さは,

平地では, $60\times1.2=72$（km/h）

上り坂では, $40\times1.2=48$（km/h）

下り坂では, $50\times1.2=60$（km/h）

よって, 帰りにかかった時間について,

$\frac{150-x-y}{72}+\frac{x}{60}+\frac{y}{48}=2\frac{30}{60}$ より, 両辺に720をかけて,

$2x+5y=300$……②

①, ②を連立方程式として解くと, $x=50$, $y=40$

したがって, 坂道の道のりは, $50+40=90$（km）

> 🛡 **ここに注意** $x+y$ の値がわかればよ
> いので,
> ①+②より, $7x+7y=630$ $x+y=90$
> としてもよい。

4 (1) 点Aの座標は $\left(3, \frac{3}{2}\right)$, 点Cの座標は $(2, 4)$ だ

から, B は A から「右に2, 上に4」のところにあ

る。したがって, 点Bの座標は, $\left(3+2, \frac{3}{2}+4\right)$

すなわち $\left(5, \frac{11}{2}\right)$

(2) 直線 AB の傾きは2で, A $\left(3, \frac{3}{2}\right)$ を通るから,

その式は, $y=2x-\frac{9}{2}$

よって, 直線 AB と x 軸との交点を P とすると,

$0=2x-\frac{9}{2}$ より, 点Pの x 座標は $\frac{9}{4}$

これより,

平行四辺形 OABC $=2\triangle$OAC $=2\triangle$OPC

$=2\times\frac{1}{2}\times\frac{9}{4}\times4=9$

(3) OD $=2$OA となればよい。このようなDは2つ

あり, A より右側の点が $\left(3\times2, \frac{3}{2}\times2\right)$, すなわ

ち $(6, 3)$ であり, A より左側の点が

$\left(3\times(-2), \frac{3}{2}\times(-2)\right)$, すなわち $(-6, -3)$

5 (1) $a=15$ のとき $b=51$ だから,

$5a+4b=5\times15+4\times51=279$

7 (1) 次の図のように, $b=4$ のときである。

(2) $\angle$AOB の内部にある点が24個以下になるの

は, $a=1$ のとき, 問題図より, $b=1, 2, 3, 4, 5$,

6 の6通り。

$a=2$ のとき, (1)より $b=1, 2, 3, 4$ の4通り。

$a=3$ のとき, $b=2$ ならば下の図のように点は

☆24

22 個あり，$b=3$ とすると点が 26 個になることから，$b=1$，2 の 2 通り。

このように調べていくと，$a=4$ のときも $b=1$，2 の 2 通り，$a=5$ のとき，$a=6$ のときは $b=1$ の 1 通りとわかるので，全部で，

$6+4+2+2+1+1=16$（通り）

よって，求める確率は，$\dfrac{16}{36}=\dfrac{4}{9}$

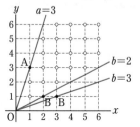

別解 y 軸上の点をふくまない半直線 OA よりも左側にある点と，半直線上の点について，

$a=1$ のとき，$6+5+4+3+2+1=21$（個）

$a=2$ のとき，$5+3+1=9$（個）

$a=3$ のとき，$4+1=5$（個）

$a=4$ のとき，3 個。 $a=5$ のとき，2 個。

$a=6$ のとき，1 個。

同様に，x 軸上の点をふくまない半直線 OB よりも右側にある点と，半直線上の点について

$b=1$ のとき，21 個。$b=2$ のとき，9 個。

$b=3$ のとき，5 個。$b=4$ のとき，3 個。

$b=5$ のとき，2 個。$b=6$ のとき，1 個。

(1) ∠AOB の外部にあるのが $6\times6-24=12$（個）

また，$a=2$ なので半直線 OA より外側にあるのは 9 個で，半直線 OB よりも外側にあるのは，$12-9=3$（個）になればよい。

よって，$b=4$ のときである。

(2) 24 個以下になるには，∠AOB の外側にあるものが 12 個以上になればよい。$a=1$ のとき 6 通り。$a=2$ のとき 4 通り。$a=3$ のとき 2 通り。$a=4$ のとき 2 通り。$a=5$ のとき 1 通り。$a=6$ のとき 1 通り。

よって，$6+4+2+2+1+1=16$（通り）なので，

確率は $\dfrac{16}{36}=\dfrac{4}{9}$